Blue Book of China Anti-Telecom and Internet Fraud （2016）

中国反电信网络诈骗蓝皮书

（2016）

南京邮电大学信息产业发展战略研究院◎编著

人民邮电出版社

北　京

图书在版编目（CIP）数据

中国反电信网络诈骗蓝皮书. 2016 / 南京邮电大学
信息产业发展战略研究院编著. -- 北京：人民邮电出版
社，2017.4
ISBN 978-7-115-45191-0

Ⅰ. ①中… Ⅱ. ①南… Ⅲ. ①电信－诈骗－预防－研
究报告－中国－2016②互联网络－诈骗－预防－研究报告
－中国－2016 Ⅳ. ①D924.33

中国版本图书馆CIP数据核字(2017)第060667号

内 容 提 要

本蓝皮书分为"我国电信网络诈骗基本情况""我国电信网络诈骗犯罪的成因""打击
电信网络诈骗的法律保障及存在的问题"以及"反电信网络诈骗的对策研究"四章。其中对
国内外电信网络诈骗犯罪的基本现状、犯罪特征、涉及的法律问题以及"实名制"背后的"记
名制"现象进行了专题研究，提出了"三位一体"的开户模式，发布了我国电信网络诈骗的
十大典型案例，并在此基础上提出了反电信网络诈骗的建议与对策，包括提出制定专门的"信
息通信消费者保护条例"以及设立"国家反电信网络诈骗宣传周"等。

本书适合普通大众阅读。

◆ 编　　著　南京邮电大学信息产业发展战略研究院
　　责任编辑　杨　凌
　　责任印制　彭志环

◆ 人民邮电出版社出版发行　　北京市丰台区成寿寺路 11 号
　　邮编　100164　　电子邮件　315@ptpress.com.cn
　　网址　http://www.ptpress.com.cn

◆ 开本：700×1000　1/16
　　印张：14.75　　　　　　　　　　2017 年 4 月第 1 版
　　字数：190 千字　　　　　　　　2017 年 4 月河北第 1 次印刷

读者服务热线：(010)81055488　印装质量热线：(010)81055316
反盗版热线：(010)81055315

《中国反电信网络诈骗蓝皮书（2016）》

编　委　会

主　编：南京邮电大学信息产业发展战略研究院院长　王春晖

编　委：郭晓磊　赵鑫鑫　白云朴　穆向阳

　　　　张慧君　单婷婷　徐文哲　查敦林

　　　　何秀美　齐艳玉　宋丽敏　刘　越

序

近年来，随着信息通信技术广泛应用于社会经济各个领域，一种新的犯罪形态——利用信息通信和互联网等技术手段实施诈骗犯罪活动也呈高发态势，像幽灵一样蔓延至世界各地，成为人类进入信息时代后面临的社会公害。中国政府高度重视打击防范电信网络诈骗违法犯罪活动。国务院建立了打击治理电信网络新型违法犯罪工作部际联席会议制度，惩治和防范并举，重拳出击，深入开展打击治理电信网络新型违法犯罪专项行动，取得了显著成效，为世界范围内的信息通信网络治理提供了宝贵的实践经验。

国际电信联盟的使命是推动信息通信技术进步，通过信息技术的普遍应用使世界各国人民都能参与全球经济并从中受益。为此，国际电联努力通过制定全球信息通信技术标准、合理配置无线电频谱和卫星轨道资源以促进宽带网络普遍接入，使信息通信网络持续发展，以实现其连通世界人民的目标。电信网络诈骗活动的产生和蔓延不仅严重扰乱了世界各国的社会经济秩序，而且和国际电联用信息通信技术造福人类的美好愿景相违背。目前，国际电联正在努力推动信息通信网络安全标准制定、促进网络治理，通过提升网络能力建设和加强网络安全以提升人们使用信息网络空间的信心。

在此背景下，我欣慰地看到南京邮电大学与中国通信企业协会及时发布了首部《中国反电信网络诈骗蓝皮书（2016）》（以下简称《蓝皮书》）。《蓝皮书》是中国反电信网络诈骗理论与实践的总结，详尽介绍了目前我国电信网络诈骗的总体状况，以鲜明的观点、专业的思维和独到的见解剖析了我国电信网络诈骗犯罪的成因，打击电信网络诈骗的法律保障及存在的问题。《蓝皮书》提出了反电信网络诈骗的对策措施与建议，研究范围和领域具有一定的深度和广度，全面展示和梳理了中国反电信网络诈骗的全景，对电信网络诈骗的防范与治理具有重要的参考价值。期待在该课题成果的启发和引领下，中国打击和防范电信网络诈骗的实践取得新成效，进一步完善信息网络空间法治建设，为世界信息通信网络治理提供经验和借鉴。

国际电信联盟（ITU）秘书长

2017 年 4 月

前　言

2016 年 8 月震惊全国的徐玉玉案使得电信网络诈骗再次引起了全社会的高度关注。当前利用电信网络和互联网手段实施诈骗呈高发态势，犯罪涉案链条长，团伙组织严密，诈骗手法逐步升级更趋隐蔽，受害群体已覆盖各行各业、各个年龄阶段，给人民群众造成了巨大的财产损失，已经成为严重侵害人民群众切身利益的社会公害。

我国反电信网络诈骗战争的序幕已经拉开，打击电信网络诈骗犯罪形势严峻，刻不容缓。为了梳理我国电信网络诈骗的基本状况，分析我国电信网络诈骗高发的成因，探究当前打击和治理电信网络诈骗的法律保障及存在的问题，研究治理和打击电信网络诈骗的机制和模式，我们在进行广泛调研和对大量案例及文献进行分析的基础上撰写了我国首部《中国反电信网络诈骗蓝皮书（2016）》（以下简称《蓝皮书》）。

《蓝皮书》共分为"我国电信网络诈骗基本情况""我国电信网络诈骗犯罪的成因""打击电信网络诈骗的法律保障及存在的问题"以及"反电信网络诈骗的对策研究"四章。其中对国内外电信网络诈骗犯罪的基本现状、犯罪特征、涉及的法律问题以及"实名制"背后的"记名制"现象进行了专题研究，提出了"三位一体"的开户模式，发布了我国电信网络诈骗的十大典型案例，并在此基础上提出了防范电信网络诈骗的建议与对策，包括提出制定专门的"信息通信消费者保护条例"以及设立"国家反电信网络诈骗宣传周"等。

《蓝皮书》于 2016 年 10 月由南京邮电大学和中国通信企业协会联合向

社会发布，发布时的名称为《中国反通讯信息诈骗蓝皮书》，鉴于2016年12月最高人民法院、最高人民检察院、公安部联合发布《关于办理电信网络诈骗等刑事案件适用法律若干问题的意见》，该意见以司法解释的形式正式将此类新型网络犯罪定义为"电信网络诈骗"，为此《蓝皮书》尊重"两高一部"的意见，在出版时补充了新的内容，并将名称改为《中国反电信网络诈骗蓝皮书（2016）》。《蓝皮书》发布后，引起了全社会的广泛关注，同时也得到了国际电信联盟（ITU）的肯定和支持。在《蓝皮书》出版之际，国际电信联盟（ITU）秘书长赵厚麟先生亲自为本书作序，在此表示衷心的感谢！

截至2016年年底，电信网络诈骗报案数量月均下降84%。手机新用户全面实施实名制，约1.2亿老用户完成补录。工业和信息化部在重点省份建立核查、过滤、筛选工作，平均每月拦截1.73亿条诈骗信息。2016年工业和信息化部下架改号软件1757个，关闭涉案手机号码约80.6万个。根据2017年全国"两会"（中国人民政治协商会议第十二届全国委员会第五次会议和中华人民共和国第十二届全国人民代表大会第五次会议）最高人民法院和最高人民检察院的工作报告，2016年各级人民法院审结相关案件1726件，各级检察机关批准逮捕电信网络诈骗犯罪19 345人。北京、浙江、广东等地检察机关提前介入侦查，及时批捕起诉张智维等116人、罗兆隆等108人、崔培明等129人特大跨国电信网络诈骗案。

我们深知，打击电信网络诈骗犯罪是一项长期而艰巨的任务，需要聚集全社会的力量，电信运营商及金融机构在内的相关主体亦责无旁贷。在当前中国新常态的大背景下，打击电信网络诈骗犯罪面临前所未有的挑战，既需要不断地总结实践中取得的成果和经验，也需要重视存在的瓶颈及问题，更需要遵循"治理与打击"并重的原则，只要全社会坚定信心，就一定能取得治理与打击电信网络诈骗犯罪活动的最终胜利。

作　者

2017年4月于南京

目　　录

第一章　我国电信网络诈骗基本情况

1.1　电信网络诈骗概述

1.1.1　电信网络诈骗的起源及定义

电信网络诈骗起源于 20 世纪末的我国台湾地区，最初是台湾当地的诈骗分子采用刮刮乐、六合彩等形式实施诈骗，之后借助通信信息技术及手段实施诈骗，进而演变为一种新型的犯罪类型[1]。2003 年前后，迫于台湾地区的严打态势，这种"台湾式诈骗"通过福建省传入我国大陆地区，并在全国范围内蔓延。2004 年前后，一些学者根据此类诈骗中运用手机短信实施诈骗的特点，一度称之为"手机短信诈骗"。台湾消费者文教基金会公布的统计数据显示，2006 年度全台湾被诈骗金额高达 6.56 亿元新台币，平均每个被害人损失 25 万元新台币，几乎是一个台湾普通工薪阶层人士的半年所得。2008 年，福建政法机关在办理案件的过程中，根据需要，

---

[1] 秦帅，陈刚. 近年来电信诈骗案件侦查研究综述[J]. 公安学刊——浙江警察学院学报，2015（3）：36-40.

将此类案件定性为虚假信息诈骗，并规定了此类案件的三个特征：一是借助电话、互联网等通信工具，向不特定的人群发送虚假信息；二是诈骗分子和受害人没有直接的接触；三是诈骗数额较大[2]。

2009 年，公安部为了便于各方交流，增进各方在办理电信网络诈骗案件中的协作，将此类案件定性为电信诈骗案件。从此，"电信诈骗"一词成为我国司法机关在办理此类案件中的统一称谓。目前各部委发布的规范性文件中统称为"电信网络诈骗"，如工信部、银监会、公安部等六部委联合发布的《关于防范和打击电信网络诈骗犯罪的通告》以及银监会、公安部制定的《电信网络新型违法犯罪案件冻结资金返还若干规定》等均使用了"电信网络诈骗"的表述。

关于"电信"一词，国际电联给出的定义是：使用有线电、无线电、光或其他电磁系统的通信。按照这个定义，采用任何表示形式，包括符号、文字、声音、图像以及由这些形式组合而成的各种可视、可听或可用的信号，向一个或多个确定的接收者发送信息的过程，都称为电信。在我国，只要一提到"电信"一词，人们马上就会联想到电信运营商及其从事的信息通信业务，如《电信条例》第八条的规定，电信业务分为基础电信业务和增值电信业务。基础电信业务，是指提供公共网络基础设施、公共数据传送和基本话音通信服务的业务。增值电信业务，是指利用公共网络基础设施提供的电信与信息服务的业务。尤其应当指出的是，"电信"一词已经成为我国，乃至世界著名基础电信运营商的企业名称，如"中国电信集团公司"，简称"中国电信"（China Telecom），再如"英国电信集团公司"，简称"英国电信"（BT）等。

事实上，以上所称的"电信诈骗"或"电信网络诈骗"主要指不法分子利用通信、互联网等技术和工具，通过发送短信、拨打电话、植入木马

---

2 吴照美，许昆. 两岸跨境电信诈骗犯罪的演变规律与打击机制的完善[J]. 青海社会科学，2014（4）：110-116.

等手段，诱骗（盗取）被害人资金汇（存）入其控制的银行账户，实施诈骗的违法犯罪行为。该类违法犯罪行为准确的定义是："利用通信信息技术和手段实施诈骗的违法犯罪行为"。因此，蓝皮书发布时的名称为《中国反通讯信息诈骗蓝皮书》。鉴于很多文献和规范性文件名都使用"电信网络诈骗"一词，尤其是 2016 年 12 月最高法院、最高人民检察院、公安部联合发布的《关于办理电信网络诈骗等刑事案件适用法律若干问题的意见》以司法解释的形式正式将此类新型网络犯罪定义为"电信网络诈骗"，为此本《蓝皮书》尊重"两高一部"的意见，除了已有文献名称外其余均统称为"电信网络诈骗"。

1.1.2　我国电信网络诈骗的基本现状

近十年来，我国电信网络诈骗案件每年以 20%～30%的速度快速增长。据公安部统计：2011 年全国电信网络诈骗案件 10 万多起，群众被骗 40 多亿元；2012 年全国电信网络诈骗案件 17 万多起，群众损失 80 多亿元，比 2011 年分别上升 70%、100%；到了 2013 年，全国电信网络诈骗案件数量已达 30 余万起，涉案诈骗金额 100 多亿元；2014 年全国电信网络诈骗案件达到 40 余万起，造成了 107 亿元的财产损失。从以上数据可以看出，仅 2011 年到 2014 年的几年间，全国电信网络诈骗犯罪数量翻了 4 倍，群众损失翻了 2.5 倍，可谓触目惊心。2015 年我国共发生 59.9 万起电信网络诈骗案，涉案金额高达 222 亿元[3]。据初步统计，仅 2016 年 1～7 月，全国共立电信网络诈骗案件 35.5 万起，同比上升 36.4%，损失共计 114.2 亿元。

电信网络诈骗犯罪案件不仅数量逐年增加，而且涉案金额纪录也不断被刷新，2013 年至 2016 年 8 月，全国共发生被骗千万元以上的电信网络

---

3 江明君，张欣之，胡峻梅. 电话网络诈骗案件中受害人研究[J]. 中国司法鉴定，2014（4）：45-47.

诈骗案件 104 起，百万元以上的案件 2392 起。特别是 2015 年贵州发生"12·29"亿元特大电信网络诈骗案，这是一起由台湾地区犯罪嫌疑人操纵并在国内统一招募话务人员，统一办理出国手续，统一组织集体出境，统一食宿进行管理，统一组织业务培训，统一分配工号上岗，统一发放工资提成，赴非洲国家搭建话务窝点，冒充中国"公、检、法"机关工作人员，利用从非法渠道获取的国内公民个人信息，通过国际透传线路、改号软件和远程操控等技术手段骗取钱财的一起特大电信网络诈骗案件。公安部数据显示，境外电信网络诈骗犯罪主要是由台湾人组织实施，占大陆地区电信网络诈骗案件总数的 20%，损失金额的 50%，千万元以上的大案要案基本都是由台湾地区的电信网络诈骗集团实施。2016 年，全国检察机关共依法批准逮捕电信网络诈骗犯罪嫌疑人 20 048 人[4]。

2016 年前 10 个月，全国共破获电信网络诈骗案件 9.3 万起，收缴赃款赃物价值人民币 23.8 亿元，为群众挽回经济损失 48.7 亿元。目前，在各种政策"组合拳"下，电信网络诈骗的发展势头初步得到控制，但仍没有得到有效遏制。某互联网安全软件公司公开的数据显示，仅 2016 年国庆首日 360 手机卫士在全国范围内拦截的诈骗电话总量达到 1600 万次[5]。诈骗分子依然猖獗，国家打击治理电信网络诈骗依旧任重而道远。

1.1.3　国内外反电信网络诈骗研究综述

1. 国内反电信网络诈骗研究现状

2003—2007 年，电信网络诈骗犯罪在大陆地区处于蔓延发展阶段，电信网络诈骗的概念尚未形成，广大学者的研究内容聚焦于手机短信诈

4　[EB/OL]. [2017-01-25].http://www.chinanews.com/gn/2017/01-24/8134742.shtml.
5　[EB/OL].[2016.10].http://www.cnii.com.cn/internetnews/2016-10/09/content_1785303.htm.

骗、虚假信息诈骗等具体诈骗方法的治理对策上，如孙立智[6]提出要将打击的策略放在做好调查取证工作、合理界定管辖等方面。2008—2010年，公安部开展跨境联合打击电信网络诈骗犯罪行动取得成效[7]，大陆各地公安机关认识到了电信网络诈骗带来的巨大危害，逐渐加强了对电信网络诈骗案件的侦查协作和集中整治，尤其是 2009 年以来，公安部牵头开展了多次"打击电信网络诈骗专项行动"，突破了一大批大案要案。2011 年以来，开展深度警银合作、斩断资金链与通信信息链"双链"[8]、严打技术支撑团伙[9]等全方位多角度的打击策略成为学者们关注的焦点。

在 CNKI 期刊全文数据库中，以"电信网络诈骗"为主题进行检索，共检索出 610 条文献数据，对上述文献数据进行关键词统计分析，如图 1-1 所示。

由图 1-1 可见，犯罪特点、侦查机制、侦防对策、合成作战、伪基站、跨境电信网络诈骗、大学生等关键词是电信网络诈骗研究的重点。有关电信网络诈骗的文献研究主要分为特点类型、成因、存在问题、跨境诈骗、对策、法律建议等几个重点方向，下面针对这几个层面的重点文献逐一进行述评。

6　孙立智. 网络犯罪及其侦查对策[D]. 成都：四川大学，2004：9.

7　[EB/OL].[2015-04-1].http://www.chinacourt.org/article/detail/2013/08/id/1054679.shtml.

8　中央司法警官学院孙延庆、徐为霞在河北省法学会 2011 年度法学研究课题《"双链"侦查——打击电信诈骗犯罪的模式》（批准号：2011DF023）中对电信诈骗的"双链"侦查模式进行了详细的阐述.

9　技术支撑团伙是指，在电信诈骗整个犯罪过程中，起到技术辅助作用，但往往不直接参与实施电信诈骗的团伙，尽管受多方面因素的影响，技术支撑团伙的行为有时很难定性为电信诈骗，但此类团伙在电信诈骗中提供的技术与服务促进了电信诈骗的实现.

图 1-1　电信网络诈骗关键词统计分析

（1）特点类型

孙川等[10]指出，电信网络诈骗采用分工负责、拆分责任的作案方式，并进行公司化、专门化管理，具有犯罪隐蔽性强、跨地域犯罪、成本低、收益大、科技含量高、方法不断升级、侵害对象不特定等特点。

周小良等总结了电信网络诈骗的五个犯罪特点，指出打击此类犯罪存在反侦查能力强、调查取证难、定罪处罚难、挽回经济损失难、国际和区域司法合作障碍等方面的瓶颈，并提出了加强宣传、提高银行和电信的防范能力、加强协作、制定相关司法法律政策、倡导"民刑并重"司法理念的防治对策[11]。韩胜兵阐述了电信网络诈骗犯罪的源起、特点，提出了"防"

10　孙川，代翔．电信诈骗犯罪的案件特点以及犯罪流程分析[J]．江苏警官学院学报，2013（28）
　　6：43-47．
11　周小良，雍易平．电信诈骗犯罪的特点与惩防对策[J]．法制与社会，2010：89-90．

"打""制""建"的防治措施[12]。

刘继敏总结了电信网络诈骗的六种犯罪特点、十种犯罪手法以及六种成因，在此基础上提出了加大防范宣传力度，增强群众反诈骗意识；增强保密意识，防止个人信息外泄；加强协作配合，构建电信、金融安全防范机制；加大科技强警力度，提高案件侦破率；健全完善法律法规，构建惩防体系；完善实名制，构建社会治安防范体系，全面遏制电信网络诈骗犯罪活动猖獗势头六项防范措施[13]。

洪新德等总结了电信网络诈骗分为单人短信群发器、团伙手机群发器和虚拟号码三大类型，并从法律法规建设角度，提出完善手机 SIM 卡实名制法规制度、制定有关电信运营商监管职责法规制度、建立重要电信设备监管法规制度的对策建议[14]。

王喆骅等指出电信网络诈骗犯罪呈现出跨境化、职业化、集团化、智能化的趋势，给政法机关打击犯罪带来取证难、抓捕难、定性难、追赃难、打击难等打防难点[15]，并介绍了台湾地区、德国、美国、日本和韩国等国家（地区）在反电信网络诈骗方面的相关措施，提出建设跨界司法协作机制、增设"电信网络诈骗罪"立法、加强通信部门监管力度、规范金融部门监管职责、建立跨行业合作机制等举措。

曹茂虹等[16]指出了"伪基站"电信网络诈骗的基本原理，并详细分析了"伪基站"工作的信令流程、法律适用（危害公共安全的以破坏公用电信设施罪追究刑事责任）以及电子取证的流程（应该以"Location Updating Request"为起始信令判定影响用户通信的起始时间）。

12　韩胜兵．电信诈骗犯罪的起源、特点及防治[J]．中国刑警学院，2013（2）：23-26．

13　刘继敏．信息社会电信诈骗犯罪分析及打防措施建议[J]．公安研究，2011（6）：18-22．

14　洪新德，姚理．试论电信诈骗的类型及防控[J]．长江大学学报，2010，33（6）：35-37．

15　王喆骅，工丽萍．电信诈骗犯罪之新动向及打防研究——以上海检察机关办理的案件为例[J]．上海公安高等专科学校学报，2016，26（2）：75-81．

16　曹茂虹，王大强．"伪基站"的基本原理及电子取证分析[J]．信息安全与技术，2015：73-75．

程科[17]分析了"钓鱼网站"类电信网络诈骗的特点，提出对"钓鱼网站"的打击必须群策群力，网银用户应加强防范意识，在线交易时须鉴别网站真伪；公安机关应加强对"钓鱼网站"的严厉打击，对电信网络诈骗保持高压态势；相关管理部门应建立健全"钓鱼网站"综合防范机制等应对措施防范此类案件。

由上述文献可见，电信网络诈骗在新形势下逐渐呈现出智能化、虚拟化、国际化、专业化的趋势，虚拟传播、广泛撒网、全面诈骗这种"一对多"的诈骗信息传播方式，极大地增加了电信网络诈骗案件受害者的分布范围[18]。电信网络诈骗作案过程呈现出非接触化、作案手段智能化、作案形式集团化、作案空间远程化、地缘性突出、跨区域作案明显、作案时间急速化、侵害对象广泛化、社会危害巨大化[19]的特征。

目前，电信网络诈骗常见的有电话诈骗、手机短信诈骗和 VoIP（Voice over IP）网络诈骗三种[20]。其中，网络时代的电信网络诈骗呈现出以下特点："网络社交工具发布欺诈信息+欺诈转账"式电信网络诈骗爆发性增长（QQ、微信）；"银行卡信息骗取+账户盗用"式电信网络诈骗爆发性增长（互联网金融和电子商务平台）；传统电信网络诈骗的互联网特征（通信工具的互联网化，网络电话和改号软件；洗钱方式互联网化，接收转账实施诈骗的账户均通过互联网渠道购买，资金转移通过网上银行完成；电信网络诈骗手段传播渠道互联网化，犯罪分子通过互联网检索方式，可获知相关犯罪手法，使犯罪技能获取门槛降低）。

[17] 程科. 新型电信诈骗："钓鱼网站"初探[J]. 网络安全，2011（3）：100-105.

[18] 吴朝平. 互联网+背景下电信诈骗的发展变化及其防控[J]. 中国人民公安大学学报，2015（6）：17-28.

[19] 韩胜兵. 电信诈骗犯罪的起源、特点及防治[J]. 中国刑警学院，2013（2）：23-26.

[20] 顾伟. 电信诈骗犯罪案件的规律、特点及打防对策[J]. 政法学刊，2013，30（1）：111-115.

（2）成因分析

秦帅等[21]提出了"三张网"，认为在诈骗的整个过程中，诈骗分子需要依赖电信运营商提供的通信网络，需要依赖银行运营的服务网络，需要依赖工信部门管理的互联网络，这"三张网"已成为电信网络诈骗分子实施诈骗行为的载体，而相关的运营商并没有出台强有力的措施积极参与电信网络诈骗案件的防范与治理，这既体现了经济转型期我国社会管理部门存在的缺陷，又体现了现有的法律制度对此类行为惩处力度的有限性。

吴朝平[22]认为互联网提供了方便快捷的洗钱通道，使诈骗后的变现变得异常便捷。

唐丽娜等[23]认为民众对公共权威部门具有较高的信任度，因而更容易陷入诈骗集团的圈套。

从上述针对电信网络诈骗案件成因分析的重点文献，并结合案件本身的特点，可将电信网络诈骗案件的成因归纳为七个方面：一是侦查取证难度大助长犯罪嫌疑人侥幸心理；二是低成本、低门槛、高收益；三是犯罪隐蔽性强；四是互联网提供了方便快捷的洗钱通道；五是相关部门监管不利；六是民众对公共权威部门信任度高，防范意识淡薄；七是防范宣传工作深度、广度不够，未能与社会各界形成合力。

（3）存在问题

① 多部门协作。当前，公安机关在打击和防范电信网络诈骗犯罪的限制在于，多数地方并未形成电信网络诈骗犯罪整治的长效协作机制，仅仅是在专项行动或者某个单一案件中，侦查机关才与其他部门开展协作，

21　秦帅，陈刚．近年来电信诈骗案件侦查研究综述[J]．公安学刊——浙江警察学院学报，2015（3）：36-40．

22　吴朝平．电信诈骗：作案手法、高发原因及防范对策[J]．金融法苑，2015（1）：41-45．

23　唐丽娜，王记文．诈骗与信任的社会机制分析——以中国台湾跨境电信诈骗现象为例[J]．学术论坛，2016（5）：97-103．

中国人民公安大学网络安全保卫学院马丁教授[24]认为，现在的联合办案，大多数是在面对单一任务或案件时的协同调查，事实上，公安机关与其他部门应该尽快形成完整的包含监管、预防和查办环节的长效联动机制。

② 地域协作。北京警察学院的李蕤教授[25]认为，实现跨区域合作的飞跃式发展，侦查机关不用随着资金流全国各地跑，可以节约警力、精力和资金，突破传统办案调查取证时效性的制约。

③ 国际警务合作和海峡两岸警务合作。中国人民大学的李超峰博士[26]认为，防控跨国电信网络诈骗，需要充分发挥国际刑警组织的作用，在跨国调查取证、引渡与跨国抓捕、跨国追赃等环节加强沟通合作。

④ 取证问题。中国人民公安大学的杨郁娟教授[27]认为，对现场银行卡、工作手册、账本等物证进行搜集、固定，并与犯罪嫌疑人工作内容一一对应，将电子交换数据、计算机日志、计算机文件等电子证据与案件其他证据进行比对核实，对于明确嫌疑人在犯罪活动中的作用和地位、确定案件事实至关重要。

⑤ 立法问题。刘爱娇[28]提出电信网络诈骗罪在立法上应从以下几个方面完善：第一，把电信网络诈骗罪划归到妨害社会管理秩序罪中，对电信网络诈骗罪进行叙明罪状的规定，既遂犯及未遂犯的标准通过司法解释来进行细化；第二，根据罪责刑相适应的原则，对电信网络诈骗罪的法定刑进行适度的提高，电信网络诈骗罪应该优化配置自由刑与财产刑，并附加资格刑；第三，在司法解释中增加对电信网络诈骗罪主观方面予以推定的内容，不仅有行为人知道他人实施诈骗犯罪或者应当知道他人实施诈骗犯罪而提供帮助的，都应当以共同犯罪论处，这样做可以减少司法证明责任；第四，在刑事诉讼法中完善管辖制度，健全公安各部门之间的协作机制；

24 周婷玉，等. 打不倒的骗子还是割不断的利益，电信诈骗井喷，运营商难辞其咎[N]. 新华每日电讯，2014-1-15（4）.
25 李蕤. 比较视野下的电信诈骗犯罪防范与侦查合作[J]. 湖北警官学院学报，2012（5）：119-123.
26 李超峰. 跨国电信诈骗犯罪惩治与防范[J]. 社会科学家，2014（3）：94-98.
27 杨郁娟. 论电信诈骗犯罪侦查中的现场取证[J]. 山东警察学院学报，2014（2）：103-106.
28 刘爱娇. 电信诈骗罪立法问题研究[J]. 云南大学学报（法学版），2013（6）：111-113.

第五，电信行业、银行行业的监管机制通过立法来进行完善。特别是对于电信行业，应结合我国的实际情况，真正建立实施"实质公正"的管制机构，通过电信立法明确其具体权限、领导任命、组织架构、经费来源等关键内容。

（4）对策研究

① 公安刑事侦查

随着互联网、电信网络和互联网金融的发展，这"三张网"在成为电信网络诈骗分子实施诈骗行为载体的同时，也给公安机关的刑侦工作带来了巨大的挑战。杨帆等[29]在总结电信网络诈骗犯罪特点的基础上，指出了电信网络诈骗犯罪的三个发展趋势，重点说明在侦查工作中存在线索追查困难、调查取证难、深挖犯罪难、追赃难等现状。学者们从转变电信网络诈骗案件侦查破案机制、建立警务协作机制、加强境内外联合打击电信网络诈骗案件的力度、加大宣传力度等不同的方面提出打防对策，其中，案件取证问题，开展部门协作、地域协作、跨两岸合作和国际警务合作成为最受关注的问题。

在案件取证方面，北京市公安局的王小洪[30]认为，电信网络诈骗从犯罪预备到实施既遂，其问可分为预谋培训、语音通话、提取赃款环节，每个环节的诈骗活动内容均不相同，每个环节所涉及证据的内容和作用也各不相同。实施诈骗的环节一般包括成员的组织和培训、作案工具的准备与服务器的搭建、双方语音通话、受害人交款、诈骗分子提现以及分赃六大主要环节，在每一个环节中都会留有实施诈骗的各类证据。

---

[29] 杨帆，陈海鲤. 电信诈骗犯罪特点趋势、打击难点及防控对策[J]. 广西警官高等专科学校学报[J]. 2012，25（6）：21-24.

[30] 王小洪，陈鸿. 浅论跨境电信诈骗案件证据体系的构建[J]. 公安研究，2012（12）：37-44.

西南政法大学的倪春乐[31]认为，取证要以被害人对案件的描述为起点，注重对犯罪团伙的网络数据进行有效的监控，同时还要在查清犯罪窝点的基础上多方配合实施窝点的现场取证。

在多部门协作机制建设方面，刘黎明教授[32]认为，在电信网络诈骗的侦查过程中，一个地方的警力不足以完成如此众多的异地侦查任务，这就需要公安机关树立"全国一盘棋"的思想，深入开展异地侦查协作，实现异地用警常态化，形成打击电信网络诈骗案件的合力。

中国人民公安大学网络安全保卫学院马丁教授[33]认为，现在的联合办案，大多数是在面对单一任务或案件时的协同调查。事实上，公安机关与其他部门应该尽快形成完整的包含监管、预防和查办环节的长效联动机制。

在国际警务协作方面，中国人民公安大学杨郁娟副教授[34]认为，电信网络诈骗具有的高科技性、隐蔽性、集团化等特点，对传统的警务合作机制、调查取证方式提出了极大的挑战，特别是在近年来电信网络诈骗的跨国（境）犯罪趋势逐渐突出的情况下，在电信网络诈骗案件侦查中广泛开展国际警务合作已经成为提高侦查效率必须解决的问题。

杜航[35]分析了跨境电信网络诈骗的现状、特点、侦查难点，并提出加强相关行业监管力度与提高侦查效率、加快相关案件的立案及初查速度、提升公安机关的侦查科学技术水平、建立多国协作平台、提升整体侦查效率几个方面的侦查举措。

西南政法大学的陈在上[36]认为，司法协助在不同法域间的开展过程必

---

[31] 倪春乐. 跨境电信诈骗案件侦查取证问题研究[J]. 贵州警官职业学院学报，2014（4）：53-68.

[32] 刘黎明，刘旭洋. 论电信诈骗案中的异地侦查协作[J]. 净月学刊，2013（5）：26-31.

[33] 周婷玉，等. 打不倒的骗子还是割不断的利益，电信诈骗井喷，运营商难辞其咎[N]. 新华每日电讯，2014-1-15（4）.

[34] 杨郁娟. 论电信诈骗犯罪侦查中的国际警务合作[J]. 广州市公安管理干部学院学报，2013（1）：6-9.

[35] 杜航. 跨境电信诈骗犯罪特点、侦查难点及措施[J]. 四川警察学院学报，2016，28（1）：21-27.

[36] 陈在上. 打击跨境犯罪警务合作机制之构建[J]. 河北公安警察职业学院学报，2014（14）：54-58.

然难以自然顺畅，在国际警务合作中消除司法隔膜既需要各国立法制度的完善，也需要司法协助主体的积极沟通配合。

在两岸警务协作方面，王大为等[37]总结了电信网络诈骗犯罪的六大特点，并对两岸警察机关侦查程序进行了比较，指出两岸区际刑事司法互助存在立法滞后、司法制度不同、侦查权对接不畅等问题，提出建立两岸刑事司法协助的各具体操作机制，从加强两岸电信金融管理制度、建立情报信息交流平台、建立对口联络协调机制、发展与完善判例与协议的模式、加强打击电信网络诈骗犯罪的执法建设、构筑根治电信网络诈骗犯罪的防控体系六个方面来完善两岸刑事司法协作机制。

福建省公安厅的蔡小林等[38]认为《海峡两岸共同打击犯罪与司法互助协议》的实施细则和有关具体操作的内容尚未确定，面对日益复杂的电信网络诈骗形势，海峡两岸双方应该在该协议和各项共识的基础上建立起更加密切、完善、常态化的协作关系，完善海峡两岸携手打击电信网络诈骗案件的途径，提高两岸打击电信网络诈骗案件的能力。

在侦查机关的地域协作方面，李蕤教授[39]认为，实现跨区域合作的飞跃式发展，侦查机关不用随着资金流全国各地跑，可以节约警力、精力和资金，突破传统办案调查取证时效性的制约。刘黎明等[40]认为，电信网络诈骗案件侦查协作应该是多层次、立体化的协作，在协作的基础方面，各方应该具有积极的协作意识，建立完善的电信网络诈骗案件侦查协作团队；在协作的框架方面，应该依托信息化平台；在情报共享、调查取证等方面，应该明确各方的分工和责任；在协作的制度方面，应该拓展协作的

[37] 王大为，温道军. 预防与打击两岸电信诈骗犯罪问题研究[J]. 中国人民公安大学学报，2012（2）：20-25.

[38] 蔡小林，计苏光，叶立曦. 闽台警方合作打击防范电信诈骗犯罪问题研究[J]. 公安研究，2014（1）：31-36.

[39] 李蕤. 比较视野下的电信诈骗犯罪防范与侦查合作[J]. 湖北警官学院学报，2012（5）：119-123.

[40] 刘黎明，刘旭洋. 论电信诈骗案中的异地侦查协作[J]. 净月学刊，2013（5）：26-31.

内容和形式，使电信网络诈骗案件侦查的协作形成常态。

②　跨境诈骗

王世卿等[41]指出，应针对跨境有组织经济犯罪横跨多个行业、多国多地区的特点，建立起了公安、电信、金融等部门共同参与的联合打击与防控机制，进一步加强境内外的司法协作打击机制；严格落实电信与银行账户的实名制，规范通信与金融行业中创新业务的发展与监管；适应快速打击跨境有组织经济犯罪的需要，尽快修改金融机构协助查询账户、扣划和冻结存款的相关规定。

李超峰[42]分析了公安机关查办跨国电信网络诈骗犯罪中面临取证难、抓捕难、追赃难的困境。司法机关在追诉、惩罚此类犯罪过程中也面临着适用法律的疑难问题，如犯罪地域管辖的有限性与犯罪区域的无限性、案件定性中与普通诈骗案的区分、共同犯罪认定中如何证明各行为人对其他参与者的行为性质有明确认知以及对于诈骗结果的发生具有概括故意、犯罪数额的证据采信标准等，并指出应从立法、司法、监管、观念四个方面构建惩治与防范跨国电信网络诈骗的防控体系。

③　运营商的责任

前中国移动研究院院长、电信行业专家黄晓庆[43]认为，对于"改号诈骗"，运营商并非没有责任。境外的诈骗电话在改号后必须从国内的端口入境，接入通信网络，一些运营商管理不严，导致很多改号电话没有被封堵住。此外，查案过程中，也多次发现运营商工作人员为"改号诈骗"提供便利。

中国联通监管事务部总经理周仁杰[44]在《通信世界》全媒体平台举办

---

[41] 王世卿，杨富云. 新技术条件下我国跨境有组织经济犯罪研究——以电信诈骗和银行卡犯罪为视角[J]. 中国人民公安大学学报，2012（4）：70-76.

[42] 李超峰. 跨国电信诈骗犯罪惩治与防范[J]. 社会科学家，2014（3）：94-98.

[43] 电信诈骗案频发运营商为何不担责[J]. 中国质量万里行，2015（12）：40-41.

[44] 中国联通周仁杰：虚商应加强沟通全面整改[J]. 通信世界，2016（11）：30-31.

的"虚拟运营商如何规范健康发展"的主题沙龙上表示，转售企业仍然处于初级阶段，发展经验不足，管理措施不完善，实名制落实不到位，让不法分子钻了空子，并提出虚拟运营商需要有针对性地制定有效的整改方案并严格执行，完善对代理渠道的管理，确保对末梢网点的有效管控。

金峰[45]认为，垃圾信息存在内容过滤实际操作难、经用户自己授权等问题，是运营商在屏蔽诈骗短信、垃圾短信时的困境所在。他指出，运营商可以借鉴搜狗、金山等公司提供的手机防火墙功能，即用户可以直接把不想收到的短信来源号码拖进黑名单当中，甚至可以把黑名单输入到系统端的号码库当中，供所有用户分享，让用户去对每个短信发送号码进行评价。

④　法律建议

在电信网络诈骗的定罪问题上，俞小海[46]对"北大法意"的中国裁判文书库检索"电信网络诈骗"，查出 62 篇涉及帮助取款行为罪名认定案例的文献，存在罪名认定差异较大、帮助取款行为罪名判定的争议点较为集中、罪名判定难等问题，指出帮助取款行为之罪名判定的核心：一是如何理解帮助取款人对电信网络诈骗犯罪的明知及明知在罪名认定中的地位，如何认识明知与共谋、犯意联络的区别与联系；二是帮助取款行为与电信网络诈骗犯罪实行行为的关系如何，帮助取款行为究竟是电信网络诈骗犯罪行为完成、犯罪既遂之后的后续赃款处理行为，还是电信网络诈骗的延续行为或必要组成行为，抑或其本身就是电信网络诈骗犯罪的实行行为；三是如何准确理解《关于办理诈骗刑事案件具体应用法律若干问题的解释》第七条中的诈骗罪共犯，能否将帮助取款行为直接解释成是为电信网络诈骗犯罪提供资金结算帮助的行为。

45　金峰. 运营商难以承担垃圾短信内容审核之责[J]. 通信世界，2013（29）：15.

46　俞小海. 电信诈骗犯罪中帮助取款行为的罪名判定[J]. 人民司法，2015：29-34.

　　杨鸿等[47]指出，2011 年 3 月 1 日最高人民法院、最高人民检察院联合颁布的《关于办理诈骗刑事案件具体应用法律若干问题的解释》中第一款规定主要针对既遂问题，与普通诈骗罪适用同样的标准，不利于司法实践，应适当提高电信网络诈骗的最低数额；第二款规定主要针对电信网络诈骗未遂问题，虽在一定程度上明确了定罪的标准，但除短信诈骗和电话诈骗外，并未规定其他电信网络诈骗犯罪的未遂标准；第三款规定主要针对电信网络诈骗共同犯罪，关于刑事责任分配并未作出不同于普通共同犯罪的规定。并在此基础上提出应当将电信网络诈骗犯罪从诈骗犯罪中分离出来，单独予以规定；在法定刑的设置上，从罪刑均衡与预防犯罪的角度出发，应适度提高电信网络诈骗罪的法定刑，优化配置自由刑与财产刑，以提高罚金数额为主；对未成年犯罪，应在法定刑设置上进行特殊规定，以适用保安处分为主。

　　林哲骏[48]指出了电信网络诈骗的两个难点问题：共同犯罪和数额认定。其中共同犯罪中的独立式电信网络诈骗中实行犯的刑事责任认定应从行为人之间是否存在共谋、行为人在实施行为时的具体表现、是否具有共同分赃情况三个方面来分析；共同犯罪中的分工式电信网络诈骗中实行犯的刑事责任认定要考虑中途加入，且没有与他人事先共谋是否构成承继的共同实行犯的问题；在不能查清电信网络诈骗犯罪人具体犯罪数额的情况下，应从数额和情节上分析。

　　吴春生等[49]认为，电信网络诈骗犯罪行为人借助电信、计算机等通信中介实施犯罪，使得电信网络诈骗犯罪在时间、空间二维度上与普通诈骗罪有所不同，进而影响到其犯罪形态的认定。然而，认定其犯罪形态的理论前提是界定犯罪是否已"着手"，因此，在采用实质客观理论认定其着

---

[47] 杨鸿，苏剑邦. 电信诈骗犯罪的法律惩治[J]. 教育教学论坛，2014（42）：40-44.
[48] 林哲骏，吴春生. 电信诈骗犯罪疑难问题研究[J]. 法制与社会，2013（12）：287-288.
[49] 吴春生，林哲骏. 电信诈骗犯罪既遂形态与未遂形态之探究[J]. 法学研究：134-136.

手问题之后，比较分析如何认定诈骗罪既遂标准的学说，认为采用失控说为标准界定电信网络诈骗犯罪既遂形态与未遂形态颇为合理。

在反电信网络诈骗的对策方面，吴朝平[50]认为，应当从法律角度健全和完善刑事法律体系、民事法律体系、打击电信网络诈骗犯罪执法体系，建立电信网络诈骗的防控措施。

2. 国外反电信网络诈骗研究

（1）国外文献研究

Ionita[51]等指出，商业电子服务的发展越来越依托复杂、高度互联的基础设施平台，这为攻击者提供了更多的接入点。供应商服务也在动态的、竞争激烈的市场中运行，也为诈骗提供了肥沃的土壤。而且通过风险评估分析提出建立 e-value business 识别模型和与 e-service 相关的风险量化模型，并演化了如何借助此模型分析已知电信网络诈骗事件。

Raublra[52]等指出，在海量通话记录中准确定位电信网络诈骗比大海捞针还难，因为来电者都不尽相似，对于一个账户来说像诈骗而对于另一个账户来说则像一个预期的行为。应对这一问题最好的数据挖掘方式是可视化，用图形的方法来呈现结果。作者提出了 Sawang 图形化调查工具来识别通话数据记录中潜在的诈骗共犯。

Mohamed[53]等提出了反向传播神经网络（BPNN）来执行基于本地通信信息服务的电信插值，将 20 000 例样本随机分为训练样本和测试样本，

---

[50] 吴朝平. 互联网+背景下电信诈骗的发展变化及其防控[J]. 中国人民公安大学学报，2015（6）：17-28.

[51] IonitaD, WieringaR J, WolosL. Using Value Models for Business Risk Analysis in e-Service Networks[C]. Univ Politecnica Valencia, Res Ctr Software Prod Methods, Valencia, SPAIN.2015.

[52] Raubl RA, RaohR. Sawang: Visualizing Criminal Networks of Telephone Records for Tracking Possible Collaborators[C]. International Conference on Computer and Network Technology, Chennai, INDIA.2010.

[53] Mohamed A, Bandi AFM, Tamrın AR. Telecommunication Fraud Prediction Using Backpropagation Neural Network[C]. International Conference of Soft Computing and Pattern Recognition, Malacca, MALAYSIA.2009.

用于分析 BPNN 的性能，结果发现，当阈值被设置为 0.64 及以上的时候，观测到的 BPNN 在预期欺诈中的性能是 100%。因此，此模型可用来分析欺诈风险分类，并进而为整个欺诈检测系统提供帮助。

Almeida[54]指出，移动通信中的欺诈行为对电信运营商来说是一个复杂的动态问题，很多公司对欺诈管理系统进行了欺诈性通信检测的尝试。他提出了一个基于案例的推理系统，并通过案例说明了如何使用这一系统。

Deep[55]等介绍了如何通过数据挖掘来揭示电信公司海量数据中潜在的有用信息，并指出运用数据挖掘应用程序可以帮助识别电信网络诈骗，提高营销效果以及确定网络故障。

由以上文献可见，国外对于电信网络诈骗的研究主要集中于微观层面，从具体的技术角度分析、改进和提出解决问题的方案，且侧重于对电信网络诈骗案件发案过程的阻断。此外，境外很多国家根据各自的国情和电信网络诈骗案件的特点，在协作平台建设、网络建设、手机软件、法律政策制定、专业机构建设等方面着手防范和打击电信网络诈骗。

（2）境外反电信网络诈骗策略

① 台湾："165 反诈骗咨询专线"

2004 年 4 月，台湾地区"警政署"成立了"0800-018110 反诈骗咨询专线"，由"刑事警察局及服务中心"负责，面向民众提供帮助和报案服务。2005 年 7 月，正式创建了具有综合职能的"165 反诈骗咨询专线"，后经不断发展、完善，成为一个功能强大的综合应用信息平台，并逐渐形成了拦截不法汇款、监控可疑账户、封停涉案电话、建立庞大数据库等功能。

---

[54] Almeida P, Jorge M, Cortes L. Supporting fraud analysis in mobile telecommunications using case-based reasoning[C]. 9th European Conference on Case-Based Reasoning, Trier, GERMANY.2008.

[55] Deep A, Kaur A, Gill N. Using data in telecommunications: Challenges and solutions[C]. International Multiconference of Engineers and Computer Scientists, Kowloon, PEOPLES R CHINA.2007.

该专线下设接案、查证、业务、网络 4 个小组分工运作。职责包括：为民众提供诈骗案件咨询、检举与报案服务；接查群众检举具体犯罪情报；充当警察、电信、金融单位协调枢纽，解决彼此间业务往来之问题与争议；执行诈骗电话查证、停话与复话，并拦阻非法简讯，有效遏止人头电话成长；执行警示账户联防机制作业，联合地方警察与金融单位共同启动被骗款项圈存、止扣，实时拦阻被骗款项及协助被骗款项返还事宜；统计分析诈骗案件，发掘问题症结与趋势，并研究提出解决对策，为跨部门反诈骗联防会议参考；定期汇整犯罪手法，为媒体报道及大众教育提供材料；设立 "165" 专属网站处理网络案件，协助解决网络交易纠纷及诈骗案件之转介处理等[56]。

此外，台湾地区还通过 "反诈骗联防会议" "电信技术咨询小组会议"，协调 "法务部" "交通部" "财政部" "农委会" "金管会" "行政院金融监督委员会" "金融联合信息中心"、各电信运营商及 "刑侦局" 等科技、研发、通信、监察、司法等多个单位，构建起一体化的打防诈骗犯罪网络，实施 "警示账户联防机制" 和 "电信联合服务平台"。

② 德国：完备的个人信用网络平台 schufa

在德国，低级的电信网络诈骗比较罕见，通过发短信和打电话行骗的案例很少。一是因为德国人的个人数据保护意识很强，骗子很难收集到行骗所需要的大量个人信息；二是因为德国的数据保护法规较为严格，法律严格规定任何服务单位都不得泄露客户的个人信息。在德国，所有人的手机、网络和银行开户全部要求实名。在银行开户，银行工作人员必须严格履行检验用户身份的手续，包括用户身份证、户口簿、家庭固定电话、工作单位等，并存档备案。同时，银行还要和用户签订 "信用合同"。这样，只要知道对方账户，就能轻松查出相关信息，并帮受害人把钱找回来。同

---

[56] 王喆骅，王丽萍. 电信诈骗犯罪之新动向及打防研究——以上海检察机关办理的案件为例[J]. 上海公安高等专科学校学报，2016（2）：75-81.

样，用户在签订手机、网络等合同时，也要实名登记，并签订"信用合同"。在特定的情况下，银行、网络、租房等公司会将用户的不良信息报告给德国信用信息处理机构 schufa，所有德国人和德国公司在 schufa 都有档案和评分。

③ 日本：手机会话分析软件+媒体宣传+立法保障

日本的电信网络诈骗情况比较严峻，相关资料显示，2011 年，仅通过冒充亲人进行电信网络诈骗的案件就有 4628 起，损失金额高达约 106 亿日元（约合人民币 6275 万元），其中 90%以上的受害者都是老人。为此，日本富士通公司和名古屋大学合作开发出了一种"手机会话分析软件"，将迄今为止诈骗汇款内容中包含的所有关键词设定为危险词语，如交通事故、汇款等。同时，由于老人在受到重大打击时语调会突然变高，该软件可基于关键词和语调变化等，综合判断老人是否可能正被诈骗。软件一旦发现老人处于被欺骗状态，手机会马上发出警报声，并在手机屏幕上显示提示语："这可能是诈骗电话，请注意！"这款防诈骗软件扮演了"提醒者"的角色，让老人迅速冷静下来，确认信息真假，从而帮助老人守住钱财。

各地警方会定期在大众媒体上分析典型案例，公布最新作案手法，指导民众学会应对策略。比如，对自称是"孩子老师""银行职员"的，要在挂断电话后直拨本人号码确认身份，利用电话机号码预存功能，结合来电显示确认来电者身份。银行等金融机构会在 ATM 机屏幕上显示提醒信息。电信运营商也会发送专门的网页和信息，指导用户警惕可疑的来电、来信。

2007 年，日本制定了《假冒账户存入受害者救济法》，授权银行可以对可疑账户进行冻结，并对受害人的债务减记、受骗金额返回等做出了规定。关于机构泄露用户信息的法律责任，日本《个人情报保护法》规定，掌握个人信息的机构或个人为"个人情报对应事业者"。一旦发生情报泄漏事件，不管是否对被泄漏者造成损害，"个人情报对应事业者"都要负上刑事责任。企业泄露用户信息的成本是巨大的，2014 年日本著名网络教育公司贝乐思因为 IT 工程师倒卖数据库，造成数千万件客户信息流失，公司形象遭受巨大打击，各种赔偿纷至沓来，两年直接损失达到 367 亿日元。

④ 韩国：手机实名制+广告立法

从 2001 年起，韩国就采取了一户一网、机号一体的手机号码入网登记制，并规定广告商在发布手机短信广告时，必须注明"广告"字样和发送者的单位、电话及手机号码，这一做法有效减少了垃圾短信的泛滥。此外，韩国金融监督院于 2016 年 8 月 25 日推出了"预防电信网络诈骗 10 戒律"宣传材料，并通过与韩国放送通信委员会合作，在 8 月 31 日向韩国民众发送了"预防电信网络诈骗"短信。不过有专家表示，除了加强宣传工作外，韩国警方应该重视一线调查人力不足等现实问题，制定"治本之策"。另外，韩国警察厅还将 2016 年 7 月至 8 月定为"预防电话金融诈骗集中宣传期"。除了警方，韩国金融界为应对电信网络诈骗案频发也进行了政策调整。2015 年 9 月，韩国银行将"延迟提款制"的金额限度从 300 万韩元降低到 100 万韩元，即收到 100 万韩元以上银行转账后，若想将钱从自动提款机中取出来，需要等待 30 分钟以上。

⑤ 美国：《电话消费者保护法》

在美国，每分钟至少有 5 个诈骗电话，从几美元到一生的积蓄，每年有成千上万的美国人被骗。面对无孔不入的电信网络诈骗行为，美国国会 1991 年通过了《电话消费者保护法》，美国联邦通信委员会和联邦贸易委员会推出了"拒绝来电名单"（do not call）制度，严格规定除慈善机构、政治团体等公益性质的机构外，任何人向该电话推销、诈骗，都属于违法行为。任何人都可以到网站上免费注册自己家的电话及手机，选择是否接受电话推销的来电，一旦被用户列入拒绝来电名单，对方 31 天内都不能再给消费者打电话，若强行推销、欺诈，消费者有权向网站投诉。

⑥ 俄罗斯：专设机构 K 局防范诈骗

在俄罗斯，比较常见的电信网络诈骗手段也是利用银行卡和设置钓鱼网站等。但俄罗斯有专业机构负责打击这类犯罪，比如俄罗斯内务部就专门设有一个机构，称为 K 局，在其网页上详尽地介绍了高科技骗子的招数，比如信用卡诈骗、网上商店的骗局等，并提供实用的防范措施。

首先，在立法方面，为保护手机用户的利益，俄罗斯国家杜马通过了电信法修正案，要求手机用户从 2014 年开始必须建立独立账户支付附加内容服务费，其核心目的就是防止手机用户银行主账户可能因关联而遭受的诈骗损失。俄罗斯《保障电信网络安全标准》中明确规定，"根据俄罗斯联邦现行法律，用户可通过网络服务来采用特殊的安全保障机制及网络认证以保护个人信息安全"。

其次，在执法方面，俄罗斯在内务部设立了专门负责反电信网络诈骗的局级单位，一方面负责打击电信网络诈骗行为；另一方面通过主页、媒体等宣传渠道向民众介绍诈骗的招数，并提供实用的防范措施。

最后，在电信运营商方面，为保障用户权益及自身利益，电信运营商一方面会要求用户在进行资金转账的过程中进行补充操作或通过验证码确认；另一方面会定期向所有用户发送"不要向任何人透露验证码及用户个人信息"的提醒短信。

⑦ 阿根廷：电信公司屏蔽群发垃圾短信

在阿根廷，用"中奖汽车"手机短信进行的诈骗最为常见。对于手机短信类诈骗，有些服务较好的电信公司会把群发的短信作为垃圾广告进行屏蔽，避免用户上当，但也有电信公司见钱眼开，大量发送垃圾广告，从而助长了诈骗行为。面对层出不穷的电信网络诈骗案，阿根廷警方采取了一些打击措施，但一般局限于金额较大的诈骗案，而且破案效果有限。

由上述境外反电信网络诈骗的举措可见，虽然反电信网络诈骗手段还在不断发展和完善之中，但很多国家和地区已形成了有效的应对措施。比如美国在立法上通过《电话消费者保护法》来保护公民财产免遭电信网络诈骗；日本通过《假冒账户存入受害者救济法》授权银行及时冻结可疑账号避免用户的资金损失；德国则通过建立个人信用网络平台 schufa，对所有个人和企业的信用进行评估，制约了违法犯罪行为的发生，也提高了违法犯罪的成本。我国在反电信网络诈骗的实际操作过程中，应结合社会转型期的国情、民情、经济、文化等结构特征，借鉴境外反电信网络诈骗的成功举措，建立我国特色的反电信网络诈骗风险防控体系。

1.2　我国电信网络诈骗十大典型案例

近年来，随着社会信息化的快速发展，通信信息新型违法犯罪不断滋生蔓延，特别是以电信网络诈骗为代表的犯罪活动非常猖獗，来势凶猛，愈演愈烈。我国电信网络诈骗案件每年以 20%～30% 的速度增长，电信网络诈骗犯罪活动严重侵犯了公民和法人组织的财产权利，严重影响了人民群众的日常生活，干扰了正常的社会秩序，已成为新常态时期的一大社会公害。

我们对 2010 年至今的电信网络诈骗案例进行了数据检索，依据案件传播力、影响力、严重性等因素，参考公安部公开的 48 种常见电信网络诈骗犯罪案件类型和最高人民法院发布的电信网络诈骗犯罪典型案例，筛选出十大电信网络诈骗典型案例类型，并做了简要分析。

1.2.1　冒充公检法诈骗案

2015 年 12 月 20 日，杨某先后接到自称"农业银行总行法务部人员唐勇"和"上海松江公安分局何群警官"的电话，称其在上海办理的信用卡有问题，需要对其掌握的账号进行清查，并向其发送了一份电子传真《协查通报》。在自称"上海警官何群"的诱导下，杨某又与自称"郭俊华队长"的人多次通话和发送短信，之后又出现自称"孙检察官"和"杨检察长"的人频繁联系杨某。对方要求杨某按照他们的指示入住酒店，通过电脑登录至"最高人民检察院"网站，让杨某看到电子通缉令，并按照对方的指令点击下载相关软件，插入自己持有的单位资金 U 盾，配合对方执行所谓的"清查"程序，直至 1.17 亿元资金被转走。"12·29"特大电信网络诈骗案是我国近年来单笔金额最大的一起电信网络诈骗案，涉案金额、涉案区域、涉案人员、作案手段、涉案人员等方面都创下了历史之最[57]。

分析：冒充公检法电话诈骗是犯罪分子冒充公检法工作人员拨打受害人电话，以受害人身份信息被盗用涉嫌洗钱等犯罪为由，要求将其资金转入国家账户配合调查。本案是以冒充公检法为手段进行电信网络诈骗的典型案例，也是所有电信网络诈骗犯罪中涉案金额最高的一类。冒充公检法进行诈骗，犯罪嫌疑人会通过非法手段获取公民的个人信息及身份证照片制作成假通缉令，然后通过国际透传线路、改号软件和远程操控等技术手段来实施诈骗。

这里需要对"透传"做一个说明，"透传"即是透明传送，也就是传送网络不管传输的业务如何，电信企业只负责将需要传送的业务传送到目的节点，同时保证传输的质量，而不对传输的业务进行鉴别和处理，这就为虚假主叫（"透传"电话）提供了生长的沃土。

1.2.2　代考、改分诈骗案

2014 年 4～8 月，秦献粮伙同康亮贤等人，以发送"代考""考后改分"等虚假信息进行诈骗。秦献粮事先购置了银行卡、手机卡和 QQ 号，分配给康亮贤等人，而后，秦献粮找人发送虚假手机短信，谎称可以考后改分、代考等，并留下联系方式。如有人联系考后改分或代考，由康亮贤等人各

---

57 案例来源：贵阳网 http://www.gywb.cn/content/2016-04/28/content_4864763.htm.

自以"定金"等方式诱骗对方汇款至指定的银行账户，再将被害人信息交给秦献粮，由秦献粮冒充各地教育部门或人社部门的"领导"，以"保证金"等名义继续诱骗被害人汇款至指定的银行账户。秦献粮等人用此种手段诈骗十起，骗得金额共计 60 700 元[58]。

分析：本案是发送"考试改分""代考"虚假信息实施诈骗的典型案件。不法分子利用个别考生或其家属的投机心态进行诈骗，通过各类渠道获得考生的姓名、手机号码、报考科目等信息并向考生手机群发信息。本案中，秦献粮发送可以帮助"考后改分""代考"等虚假信息，接着以"定金"等方式先诱骗被害人汇款至指定的银行账户，而后又假冒教育部门工作人员等身份，以"保证金"等名义继续骗取被害人的财物。

该类被害人多数对国家的高考政策信息了解甚少，而且以负面的心态面对高考竞争，心存侥幸，轻信虚假信息。在此，提醒各位考生和家长应本着诚实的心态和辛勤的付出去参加各类考试，不要轻信任何所谓的"考试改分"或"代考"等虚假信息，共同促使社会进一步形成诚实守信、公平竞争的良好氛围。为了保障考试的权威、公平、公正，2015 年 11 月 1 日起施行的《刑法修正案（九）》已经明确将代考或者让他人代替自己参加考试等严重舞弊的行为规定为犯罪。

1.2.3　网购退款诈骗案

2013 年 11 月 12 日 20 时许，一位姓曾的女士接到一陌生电话称曾小姐在淘宝上选购了一件大衣，由于系统故障支付不成功，店主决定退款到曾小姐账号，并请求重新支付，因昨日曾选购一件大衣，曾小姐按照对方指示打开 QQ，并点开一个对方发来的链接进入到一个支付失败的页面，曾小姐点击"退款"页面输入账号、密码以及银行卡信息，没多久，银行发来信息显示扣款成功。截至 11 月 12 日 20 时 37 分，曾小姐银行卡一共

58　案例来源：最高人民法院网 http://www.court.gov.cn/zixun-xiangqing-17152.html.

被扣款 5 笔，共计 3840 元[59]。

分析：随着电子商务的快速发展，越来越多的人都喜欢网上购物，尤其在每年的"双十一"，人们在网上的购物行为达到了疯狂的程度。根据阿里巴巴公布的实时数据，截至 2016 年 11 月 11 日 24 时，2016 天猫"双十一"全球狂欢节总交易额超 1207 亿元，无线交易额占比 81.87%，覆盖 235 个国家和地区。然而，网购给人们带来便利的同时，也产生了许多网购诈骗陷阱，且种类层出不穷，防不胜防。

尤其是一种新型的网购退款诈骗违法犯罪行为，让许多受害人上当受骗，损失惨重。网购退款诈骗的主要特征是，犯罪分子冒充淘宝等公司客服拨打电话或者发送短信谎称受害人拍下的货品缺货，需要退款，要求购买者提供银行卡号、密码等信息，实施诈骗。上述案例是以购物退款为手段实施诈骗的典型案例，电信网络诈骗分子通过非法途径获取到消费者的网购信息，然后冒充相应的电商客服进行诈骗。诈骗分子通常以订单出错、商品缺货、产品质量问题需要办理退款为由，在电话中提供名为"订单处理中心"的 QQ 或微信号，指引受害人通过指定社交平台与其联系。然后，诈骗分子通过 QQ、微信、邮箱或短信的形式发送所谓的"退款链接"，诱骗受害人点击链接进入网站，输入自己的银行卡账号、密码、身份证号码以及手机收到的短信验证码。除此类情况外，诈骗分子还可能以"需要再次支付商品款项才可退款，次日再将资金一次性退回"为由，指引受害人使用微信多次扫描二维码，从而骗取受害人进行转账。

1.2.4 娱乐节目中奖诈骗案

2014 年 7 月起，陈洁在百度、阿里巴巴等网站发布了关于在"中国好声音""星光大道"等栏目中奖的虚假信息，同时还发布了关于"抽奖活动的二等奖是真的吗""中国好声音有场外抽奖活动吗""北京市中级人

---

[59] 案例来源：中新网 http://www.chinanews.com/fz/2013/11-14/5502429.shtml.

民法院电话是多少""北京市人民法院咨询电话是多少"等虚假咨询问题，并在网上予以回复，借此在网上留下虚假的"栏目组客服电话"或"北京市中级人民法院""北京市人民法院"的联系电话。当被害人拨打上述虚假联系电话咨询时，陈洁冒充客服人员或法院工作人员称，被害人所咨询的信息是真实的，并告知被害人如要领奖，需将"手续费"或者"风险基金"汇入指定的银行账户。陈洁用此种手段实施诈骗二起，骗得金额共计8800 元[60]。

分析：通过发送娱乐节目中奖实施诈骗，已经成为一类典型的电信网络诈骗犯罪。目前，无论是央视还是地方电视台在一些娱乐节目中都会在屏幕下方出现游走字幕号召观众参与短信互动，有许多节目参与者均有抽奖的机会，有许多热心观众经常参与类似的活动，正是因为有这样"参与中奖"的信息才让假冒网站有机可乘。

犯罪分子以"我要上春晚""非常 6+1""中国好声音"等热播节目组的名义通过网站、手机或者聊天工具向受害人发布虚假中奖消息，称受害人已被抽选为节目幸运观众，将获得巨额奖品，后以需交手续费、保证金或个人所得税等各种借口实施连环诈骗，诱骗受害人向指定银行账号汇款。本案是发布电视节目中奖虚假信息进行诈骗的典型案件。在本案中，犯罪分子不仅在百度等网站发布电视栏目中奖的虚假信息，同时还发布"配套"的虚假咨询问题在网上予以回复，以此打消被害人的怀疑和顾虑，可谓做足了功夫。

纵观此类"娱乐节目中奖"电信网络诈骗案，基本上都是要求中奖者先缴纳一部分钱，才能领取奖金。所以，在此提醒经常参与有奖娱乐活动的观众或听众，只要是让你先交钱再领奖的网络"中奖规则"都是电信网络诈骗行为。

---

[60] 案例来源：最高人民法院 http://www.court.gov.cn/zixun-xiangqing-17152.html.

1.2.5　补助、救助、助学金诈骗案

2016 年，山东临沂的徐玉玉被某大学录取，2016 年 8 月 19 日她接到了一陌生电话，对方声称有一笔 2600 元助学金要发放给她。在此之前，徐玉玉曾接到过教育部门发放助学金的通知。由于前一天接到的教育部门电话是真的，所以当时他们并没有怀疑这则电话的真伪。按照对方要求徐玉玉把存有学费的银行卡全额提现，然后把这些现金存入到骗子指定的助学金账号进行激活。徐玉玉报案返家途中猝死。2016 年 8 月底，7 名犯罪嫌疑人先后落网。2016 年 9 月 30 日，山东省临沂市罗庄区人民检察院对本案犯罪嫌疑人陈文辉等 7 人，依法做出批准逮捕的决定[61]。

"徐玉玉案"由最高人民检察院和公安部联合挂牌督办，经山东省临沂市人民检察院审查终结，于 2017 年 4 月 17 日向临沂市中级人民法院依法提起公诉。检察机关经审查认定，2015 年 11 月至 2016 年 8 月，被告人陈文辉、郑金峰、黄进春、熊超、陈宝生、郑贤聪、陈福地等人交叉结伙，通过网络购买学生信息和公民购房信息，分别在海南省海口市、江西省新余市等地，冒充教育局、财政局、房产局工作人员，以发放贫困学生助学金、购房补贴为名，以高考学生为主要诈骗对象，拨打电话，骗取他人钱款，金额共计人民币 56 万余元，通话次数共计 2.3 万余次，并造成山东省临沂市高考录取新生徐玉玉死亡。2016 年 6～8 月，被告人陈文辉通过腾讯 QQ、支付宝等工具从杜天禹（另案处理）处购买非法获取的山东省高考学生信息 10 万余条，并使用上述信息实施电信诈骗活动。

分析：利用"补助、救助、助学金"等虚假信息进行典型网络诈骗案的主要特征是，犯罪分子通过技术手段获取被害人的精准信息，然后冒充民政、残联、教育等单位工作人员，向残疾人员、困难群众、学生或学生家长打电话、发短信，谎称可以领取补助金、救助金、助学金，要其提供

---

[61] 案例来源：新华网 http://news.xinhuanet.com/finance/2016-08-25/c_129254722.htm.

银行卡号，然后以资金到账查询为由，指令其在自动取款机上进入英文界面操作，将钱转走。本案是以补助、救助、助学金为手段实施诈骗的典型案例。本案中，个人信息的大面积、高精度泄露，是骗子的"最佳助攻"。本案中陈文辉从 2016 年 6 月开始，先后在互联网上非法购买了数万条山东籍高考考生的个人信息，其中以临沂籍考生为主。信息内容包括学生姓名、学校、家庭住址和联系电话。犯罪分子基于所获取的精准信息进行电信网络诈骗，使被害人防不胜防。

1.2.6　QQ 冒充好友诈骗案

2014 年 8 月至 11 月，罗仁成、罗仁胜利用在互联网上盗取的 QQ 号码或者利用将其申请的 QQ 号码信息更改为被害人亲属的 QQ 信息等方式，冒充被害人亲属的身份，以"亲友出车祸急需借钱救治"等理由，诱骗被害人汇款至其指定账户。罗仁成、罗仁胜用此种手段实施诈骗两起，骗得金额共计 65 000 元[62]。

分析：冒充 QQ 好友或单位领导的网络诈骗，大多是不法分子利用木马程序盗取对方 QQ 密码，截取对方聊天视频资料，熟悉对方情况后，冒充该 QQ 账号主人对其 QQ 好友以"患重病、出车祸""急需用钱"等紧急事情为由实施诈骗。目前，还有专门盗取"总经理"的 QQ 号，然后以总经理名义要求财务人员给指定账户内汇款。

本案是假冒 QQ 好友身份进行诈骗的典型案件。在本案中，被告人通过 QQ 号码冒充被害人亲属，以"亲友出车祸急需借钱救治"等能够使被害人产生心急冲动的信息诱导被害人，诱骗被害人汇款至其指定账户。目前 QQ，尤其是微信等网络聊天软件已经成为人们的主要社交方式和组织内部的沟通工具。在自媒体时代，以 QQ 或微信网络账号作为虚拟身份，"只见信息不见真人"的沟通方式，最容易被网络诈骗犯罪分子利用进行

---

[62] 案例来源：最高人民法院 http://www.court.gov.cn/zixun-xiangqing-17152.html.

诈骗。这些犯罪分子使用木马病毒，在盗取受害人 QQ 号或微信号的同时，并查看该号码与好友此前的聊天记录，从而掌握 QQ 主人的信息并向其好友下手。为此，提醒广大 QQ 和微信用户，无论是家人、好友还是单位领导和同事，只要是在社交工具中提及汇款或涉及金钱等财产事宜，一定要通过电话与本人确认，最好是当面核实。

1.2.7 医保、社保诈骗案

2013 年 7 月，台湾地区人员"阿水"等人组织犯罪团伙前往老挝万象进行电信网络诈骗活动。该团伙将事先编辑好的诈骗语音包，通过网络电话向中国大陆地区的各省市固定电话用户群发语音信息，谎称被害人"医保卡出现异常，有疑问则回拨电话"。待被害人回拨时，电话转到冒充"医保中心工作人员"的犯罪团伙一线人员，谎称被害人的医保卡涉嫌盗刷违禁药品，要求被害人向公安机关"报案"，并引导被害人同意由其转接公安机关的报案电话后，一线人员将电话转接给冒充公安人员的团伙二线人员接听。二线人员以预先更改好来电显示号码的"公安局号码"与被害人通话以取得被害人的信任，后套取被害人个人信息，谎称被害人银行账户存在安全问题，并将电话转至冒充检察院工作人员的团伙三线人员，要求被害人将银行卡内的存款转到指定账户，进行所谓的"资金清查比对"，以此手段骗取被害人钱财[63]。

分析：涉及医保和社保的电信网络诈骗，犯罪分子通常冒充社保、医保中心工作人员，谎称受害人医保、社保出现异常，可能被他人冒用、透支、涉嫌洗钱、制贩毒等犯罪，之后冒充司法机关工作人员以公正调查、便于核查为由，诱骗受害人向所谓的"安全账户"汇款实施诈骗。本案是以医保、社保卡存在问题进行诈骗的典型案件，犯罪分子设置三线人员分别冒充医保中心工作人员、公安人员、检察院工作人员，先发送"医保卡

---

[63] 案例来源：最高人民法院 http://www.court.gov.cn/zixun-xiangqing-17152.html.

出现异常，有疑问则回拨电话"的虚假语音信息，后通过三线人员的连环诈骗，套取被害人的个人信息，诱骗被害人将存款转至"指定账户"，从而骗得钱款。

在此，我们提醒广大市民，市民的个人医保和社保账户在正常情况下不会出现所谓的"异常"，更不会"无故被停用"。如果你接到所谓社保或医保卡出现"异常"，或出现"安全问题"等电信网络诈骗信息，应当拨打医保热线 962218 或者社保热线 12333 咨询，而且查询个人信息、账户资金等重要信息时，会要求进行密码验证，验证通过后才能提供相关服务。如接到冒充医保中心工作人员以"医保卡出现异常，有疑问则回拨电话"的虚假语音信息，应当立即挂机后直接拨打"962218"或者"12333"进行了解，千万不要按其提示进行操作，并保留相关录音证据及时拨打报警电话。

1.2.8　钓鱼网站诈骗案

南京江宁区的王女士是一家公司的职员，2015 年年底要买房，她筹集了 300 多万元存在自己的平安银行卡里。2015 年 12 月 16 日下午 4 点多，当王女士准备通过网银转账的时候，邮箱收到了一封"某银行"发来的邮件，称王女士的查询协议即将到期，为不影响其转账功能，提醒她立即更新。王女士一看邮件是"某银行"发来的，于是就点击了邮件中的网址链接，并顺利进入了某银行的"官方网站"。王女士称这个网站与真的银行官方网站一模一样，而且她也因此坚信自己登录的是某银行的官方网站。王女士随后就按照该网站上的步骤，输入了自己的银行卡卡号、密码，手机上很快收到了"955××"发来的验证码，她也随即输入了验证码，但却被提示操作失败。她连续试了三次，但显示都失败了，她就退出了操作，整个过程也就 1 分钟左右，王女士在收到"955××"发来的验证码时并没有显示转账多少钱的信息。王女士感觉不对劲，立即用手机 APP 登录某银行，发现自己银行卡内的 334 万元已经被转走。

分析：利用钓鱼网站实施诈骗，犯罪分子一般以银行网银升级为由，要求受害人登录假冒银行的钓鱼网站，进而获取受害人的银行账户、网银密码及手机交易码等信息实施诈骗。不法分子设立的"钓鱼网站"，通常利用欺骗性的电子邮件和伪造的互联网站进行网络诈骗活动，获得受骗者的个人和银行卡等信息后，立即窃取资金并进行转账。

利用钓鱼网站实施的网络诈骗案件主要有以下两种：一是通过发送电子邮件，以虚假信息引诱用户中圈套。不法分子大量发送欺诈性电子邮件，邮件多以中奖、顾问、对账等内容引诱用户在邮件中填入金融账号和密码；二是不法分子通过设立假冒银行网站，当用户输入错误网址后，就会被引入这个假冒网站。一旦用户输入账号、密码，这些信息就可能被犯罪分子窃取，账户中的存款可能被冒领。此外，犯罪分子还通过发送含木马病毒的邮件等方式，把病毒程序植入计算机内，一旦客户用这种"中毒"的计算机登录网上银行，其账号和密码也可能被不法分子所窃取，造成资金损失。

在此提醒广大银行用户，当你看到一份警告邮件，并告诉你的账户受到破坏时，要提高警惕，这很可能就是不法分子设立的"钓鱼信息"。钓鱼邮件通常都有警告信息，如"你的账户细节已被窃"等。当你收到这样的邮件时，都要直接访问你开户银行的网站，并向你的开户银行报告，不要以任何方式响应钓鱼邮件。另外，钓鱼邮件通常都使用一般性的称谓，因为在多数情况下，钓鱼者没有拥有用户完整的身份信息，它们会通过批量发送邮件的方式实施诈骗，因此这类邮件在称呼用户时无法标明用户的真实姓名，一般称呼"尊贵的客户"。

1.2.9　订票诈骗案

2014 年 7 月起，被告人羊大记伙同他人开设虚假的代购机票网站"航空票务"，以实施网络诈骗。当被害人上网搜索到虚假的代购机票网站，并拨打电话 4008928000 联系时，即以"代购机票机器故障"或"票号不对，未办理成功"等为由，诱骗被害人到自动取款机进行操作，转账汇款至被告人指定的账号，羊大记负责取款。羊大记等人用此种手段诈骗二起，骗得金额共计 49 573 元。法院认为，被告人羊大记以非法占有为目的，伙同他人用虚构事实的方法，通过互联网骗取被害人钱财，数额较大，其行为已构成诈骗罪。据此，以诈骗罪判处被告人羊大记有期徒刑一年八个月，并处罚金人民币 4 000 元。

分析：目前网络购票已成了大多数市民的首选订票方式。网络购票诈骗主要表现为：犯罪分子利用门户网站、旅游网站、百度搜索引擎等投放广告，制作虚假的网上订票公司网页，发布订购机票、火车票等虚假信息，以较低票价引诱受害人上当。随后，再以"身份信息不全""账号被冻""订票不成功"等理由要求受害人再次汇款，从而实施诈骗。

本案是通过开设虚假机票网站进行诈骗的典型案件。这一网络诈骗类型高达 44%，成为网络诈骗的主流。本案中，通过羊大记伙同他人开设虚假的机票网站，当被害人订购机票时，以"机器故障"等为由，诱骗被害人将钱款转账至被告人控制的银行账户，从而骗得钱财。在此提醒广大用户，通过网络订票应向各大航空公司的正规官方网站或客服热线进行订票或退票、改签，切不可贸然选择陌生网站并听从陌生电话的指挥进行转账汇款。

1.2.10　贷款诈骗案

2015 年 11 月 15 日，香港人刘某到深圳市公安局刑侦局报案称：他通过对方短信和网站得知深圳富达公司开展所谓的快速贷款业务，对方开出的放款条件极低，为低息或无息且放款速度快捷，他因手头资金周转吃紧，遂马上联系富达公司请求贷款。在得知刘某意图后，对方要求其表示借款诚意和体现还款能力，刘某对对方的提问一一作答，并按要求输入银行信息。刘某按照对方的要求，必须在自己的账户上存入保证金、授信费、律师费、手续费共计 170 余万元方可取得贷款。但不久后，刘某即发现存在自己银行账户上的这笔钱不翼而飞[64]。

分析：网络贷款诈骗，是犯罪分子通过手机或者网站发布信息，称其可为资金短缺者提供贷款，月息低，无需担保。一旦受害人信以为真，对方即以预付利息、保证金等名义实施诈骗。本案是以虚假快速贷款为手段进行诈骗的典型案例。当受害人与虚假的公司联系时，不法分子就以贷款为由要求受害人按设定格式输入提供个人或公司资料、账户信息等，当贷款方在自己的电脑上输入自己的信息时，不法分子通过语音网关及相关软件获取该信息，并很快骗取受害人的账号和密码信息。由于贷款方急于得到贷款，犯罪分子不断要求对方在自己的账户上存钱，由于贷款方认为钱是存在自己的账户中因而没有任何戒备，于是就不加防备地把钱存进账户，实际上自己的账户已被不法分子控制，不法分子得手后迅速将受害人账户内的资金全部转走。

在此，我们提醒广大用户，贷款应当到正规的商业银行申请，通过合法正当的途径办理，所谓提供免息、快速贷款的个人或公司，以及中奖、退税、消费等短信都是非法的诈骗信息，如果按照他们的程序操作，就可能进入不法分子设计的圈套。因此，若收到这类短信和发现此类违法网站，应当立即报警。

1.3　犯罪特点及主要手段

1.3.1　电信网络诈骗犯罪的主要特点

1. 公民个人信息遭泄露，诈骗分子使用高科技手段

在许多电信网络诈骗案例中，诈骗分子都可清晰获知受害人姓名、联

---

[64] 案例来源：腾讯网 http://tech.qq.com/a/20080110/000111.htm.

系方式，显然电信网络诈骗已经趋向精准化，这意味着用户信息被大规模泄露。中国互联网协会公布的《中国网民权益保护调查报告（2015）》显示，仅 2105 年，网民因个人信息泄露、垃圾信息、诈骗信息等现象导致总体损失约 805 亿元，人均 124 元。其中，78.2%的网民个人身份信息被泄露过，包括网民的姓名、学历、家庭住址、身份证号及工作单位等；63.4%的网民个人网上活动信息被泄露过，包括通话记录、网购记录、网站浏览痕迹、IP 地址、软件使用痕迹及地理位置等[65]。在巨大利益的驱使下，一些不法分子大肆贩卖个人信息，从传统的工商、银行、电信、医疗等部门向教育、快递、电商等各行各业迅速蔓延，已经形成了庞大的"灰色"产业链。

腾讯安全发布的《2015 年度互联网安全报告》显示，诈骗分子窃取受害人信息适用高科技手段，如社会工程学被广泛利用，黑客使用受害人的银行卡进行网上消费，使用快捷支付无需使用密码，只需要用户的银行卡号、身份证号、姓名、手机验证码。另外，诈骗分子利用伪基站发送诈骗短信、网络改号软件拨打诈骗电话、钓鱼网址窃取受害人身份信息、恶意网址传播手机木马病毒、手机木马病毒窃取手机支付验证码、二维码传播手机木马病毒等案例屡屡发生。同时，诈骗分子窃取公民隐私信息的方式也逐渐增多，隐蔽性变强。主要方式为：一是病毒直接在 APP 打开的时候，提供用户填写个人信息的入口（可信度低）；二是通过假冒的运营商网站，诱导用户填写个人信息（可信度中）；三是网站被拖库，个人信息泄露，用户短信导致个人信息泄露等[66]。

2. 犯罪模式向集团化发展，跨区跨境犯罪突出

从目前公安机关成功侦破的多个电信网络诈骗案件来看，犯罪分子已

---

[65] 国务院新闻办公室网：《中国网民权益保护调查报告（2015）》[EB/OL]2015-07-22. http://www.scio.gov.cn/zhzc/8/ 5/Document/1441916/1441916.htm.

[66] 腾讯电脑管家网：《2015 年度互联网安全报告》[EB/OL] .2016-01-20. http://guanjia.qq.com/news/ n1/ 201601/20_224.html.

经形成了购买个人信息、群发诈骗短信、编写诈骗剧本、电话沟通、音效制作及 ATM 取现等组织健全、步骤明确的专业化犯罪集团。犯罪团伙已经从家族式合伙作案逐步向产业化、企业化发展，团伙内部分工明确，形成了产业化的运作模式。公开信息显示，诈骗团伙一般分为一线、二线、三线，彼此相对独立或不相识，老板一般是我国台湾人。一线基本是大陆人，冒充医保人员（根据剧本不同，扮演的角色也有不同）；二线冒充公检法人员；三线冒充"金融侦查科科长"。诈骗团伙会经常更新"剧本"，目前最流行的是假冒大陆公安、检察机关，以受害人账户涉嫌犯罪为由，让其将资金打入指定账户。

就当前通信信息犯罪的情况来看，骨干分子主要是我国台湾人，这些人与我国大陆地区的犯罪分子相勾结，有的采用在境内发布虚假信息骗境外的人，也有的从境外发布短信骗国内的老百姓，还有的境内外勾结连锁作案，隐蔽性很强，打击难度大。例如，2009 年 9 月，北京警方破获一起冒充公安机关和银监会进行诈骗的案件，以电话欠费且卷入刑事案件为由，骗取当事人 85 万元。经过调查取证，成功抓捕 21 名诈骗分子，其中 20 人为我国台湾人，"核心"成员主要是在越南等东南亚国家和我国台湾地区。

3. 诈骗技术专业化，诈骗手法不断更新升级

由于"来电任意显""短信群呼""400 服务电话"等技术申请审核把关不严，使得电信网络诈骗犯罪成本低廉，犯罪分子充分利用这些漏洞不断推出专业化诈骗模式。电信网络诈骗团伙利用社会资讯、时尚文化、热门话题以及心理学相关知识，不断更新升级诈骗手法，推出了一系列新型电信网络诈骗的作案方式，诸如冒充单位领导、伤残补助、网银升级、10086 积分兑换现金等；不法分子还会利用重大活动或纪念日实施电信网络诈骗，比如冒用"纪念抗战胜利 70 周年活动"名义开展所谓"老干部旅游"

"推销纪念币"等新的方式实施诈骗。

目前，电信网络诈骗模式不断更新升级，比如不法分子通过诱使被害人扫描二维码链接一个含有木马病毒的网站，使其自动下载了木马病毒。然后，通过木马截取手机短信，更改支付宝密码，窃取支付宝内的余额。有的不法分子以证券公司名义通过互联网、电话、短信等方式散布虚假个股内幕消息及走势，获取事主信任后，又引导其在自身搭建的虚假交易平台上购买期货、现货，从而骗取股民资金。

4. 赃款转移提取速度快，公安机关破案难

对于一些跨区域特别是跨境的电信网络诈骗案件，犯罪嫌疑人从境外使用网络电话实施诈骗得手后，转移赃款的速度非常快。通常受害人的钱款一到账，嫌疑人几分钟内即将赃款层层转移到数十个甚至上百个其他账户上，并雇佣专人在异地迅速将钱款分批取走，给公安机关侦破案件带来困难。例如"你猜猜我是谁"和直接汇款诈骗，犯罪团伙一般采取远程、非接触式诈骗；团伙内部组织严密，反侦查能力非常强。在犯罪过程中，从购买手机、开账户、拨打电话到转账等分工，每个环节都有明确细致的分工，都有专人负责，而且保密工作也做得非常到位，诈骗的下一道工序，根本不知道上一道工序的情况，这给公安机关的取证带来很大的困难。

5. 犯罪呈现示范性，犯罪特点有较强的地域性

电信网络诈骗犯罪最早主要是由我国台湾地区的一些诈骗犯罪分子跑到大陆沿海设立窝点，发展同伙并传授犯罪方法，当时诈骗对象主要是台湾地区的民众。随着犯罪方法的不断传播，诈骗手法也不断传到大陆地区，被不法分子所掌握，逐步地由福建向广东、海南、湖南、湖北、河北等地传播。电信网络诈骗内外勾结作案特点突出，目前大陆地区大型诈骗团伙的骨干主要还是来自我国台湾地区。

一些从事电信网络诈骗违法犯罪的人一夜暴富，在当地产生了一定的负面示范效应，使大量的人参与到电信网络诈骗违法犯罪之中来，从而形成了电信网络诈骗的地域性和家族性特征。2016 年 5 月，国务院曾经点名了七个电信网络诈骗犯罪重点地区，这七个"诈骗大县"各有特色，具有很强的地域性特点。因为可以远程操控，犯罪分子基本藏身境外或者治安混乱、复杂的地区以及山区、偏远地区，比如广西宾阳，当地村落布局和命名杂乱而没有规律，有的地区进村的主路只有一条，只要不熟悉的人进入很容易引起注意、暴露身份，在这样的地域空间环境下，给公安部门的侦查和取证制造了相当大的难度。

6.　上下游关联犯罪，诈骗产业链已经形成

电信网络诈骗通常是多人共同犯罪，其采用分工负责、拆分责任的作案方式，并进行公司化、专门化管理，具有犯罪隐蔽性强、跨地域犯罪、成本低、收益大、科技含量高的特点，方法也在不断升级，已经形成了较为完整的犯罪产业链。该类新型诈骗犯罪在实施过程中还涉及侵犯公民个人信息，使用"伪基站""黑广播"扰乱无线电通信管理秩序，掩饰、隐瞒犯罪所得，非法持有他人信用卡，冒充国家机关工作人员实施电信网络犯罪以及为该类诈骗犯罪提供犯罪工具、设备和技术支持等上下游关联的犯罪情形。

1.3.2　电信网络诈骗犯罪的主要手段

目前，电信网络诈骗犯罪仍处在多发和高发的状态，而且犯罪手段日益复杂，新型的诈骗手段不断出现，让许多受害人防不胜防，蒙受巨大的损失，觉得没有安全感。除了不法分子惯用的一些诈骗方式，如冒充公检法电话诈骗、"猜猜我是谁"冒充熟人领导诈骗、机票改签诈骗等，近几年不法分子正在不断翻新犯罪手法，而且紧跟社会热点，精心设计骗局，

严重危害人民群众的财产安全，扰乱正常的生产、生活秩序。

从公安机关办案的实践中我们总结梳理出了目前常见的 48 种电信网络诈骗手法：QQ 冒充好友诈骗、QQ 冒充公司老总诈骗、微信冒充公司老总诈骗财务人员、微信伪装身份诈骗、微信假冒代购诈骗、微信发布虚假爱心传递诈骗、微信点赞诈骗、微信盗用公众账号诈骗、虚构色情服务诈骗、虚构车祸诈骗、电子邮件中奖诈骗、冒充知名企业中奖诈骗、娱乐节目中奖诈骗、冒充公检法电话诈骗、冒充房东短信诈骗、虚构绑架诈骗、虚构手术诈骗、电话欠费诈骗、电视欠费诈骗、退款诈骗、购物退税诈骗、网络购物诈骗、低价购物诈骗、办理信用卡诈骗、刷卡消费诈骗、包裹藏毒诈骗、快递签收诈骗、医保、社保诈骗、补助、救助、助学金诈骗、引诱汇款诈骗、引诱贷款诈骗、收藏诈骗、机票改签诈骗、重金求子诈骗、PS 图片诈骗、"猜猜我是谁"诈骗、冒充黑社会敲诈类诈骗、提供考题诈骗、高薪招聘诈骗、复制手机卡诈骗、钓鱼网站诈骗、解除分期付款诈骗、订票诈骗、ATM 机告示诈骗、伪基站诈骗、金融交易诈骗、兑换积分诈骗、二维码诈骗等。在以上众多的诈骗手段中，最主要的是以下三大类。

1. 利用伪基站进行诈骗

"基站"的全称是"公用移动通信基站"，是无线电台站的一种形式，是指在一定的无线电覆盖区中，通过移动通信交换中心，与移动电话终端之间进行信息传递的无线电收发信电台。"伪基站"即假基站，设备一般由主机和笔记本电脑组成，通过短信群发器、短信发信机等相关设备，能够搜取以其为中心、一定半径范围内的手机卡信息，通过伪装成运营商的基站，冒用他人手机号码强行向用户手机发送诈骗、广告推销等短信息。这种手法，在目前来说除了 CDMA 网络制式的手机，其他的制式都是无法避免的。电信网络诈骗分子一般通过伪装成电信运营商的号码来进行诈骗。由于与真实运营商的信息几乎无差别，致使多数人上当受骗。

随着技术的不断进步，"伪基站"越来越小，诈骗分子也不断变化作案方式，从车载发展到摩托车、自行车运载甚至可以放置于背包中。伪基站设备不仅能够实现集群发布，而且使用方便、成本低廉，伪基站的更新换代让越来越多的手机中招。根据《2016 中国伪基站短信研究报告》，在所有收到伪基站短信的手机用户中，89.4%为中国移动用户，9.5%为中国联通用户，近 1.1%为中国电信用户。这是因为运营商所使用的手机通信制式有所不同，而且最容易收到伪基站短信的是中国移动的 GSM（2G）系统，目前主要是中国移动用户在使用。此外，伪基站短信还具有很强的地域特征。一方面，伪基站短信在河南、四川、北京等个别地区数量巨大，这三个省（市）的伪基站短信占全国总量的 1/3 以上；另一方面，不同类型的伪基站短信也存在明显的地域差异，"垃圾推广"类短信主要骚扰河南、山东等地区，尤其是房地产类推广短信在山东、河南、河北最多，而色情类短信主要盘踞北京、上海，赌博类短信主要集中在四川、重庆等地，金融类伪基站短信则集中爆发于辽宁、吉林等地区。

2. 利用技术手段进行诈骗

除了利用网络、电话诈骗外，不法分子还利用技术手段实施诈骗。比如犯罪分子利用计算机黑客等高科技手段套取到被害者的基本信息，或者制造出各种木马病毒远程盗取受害人的通讯录、手机绑定银行账号，截取短信验证码等，继而实施冒充好友或领导诈骗、退税诈骗、中奖诈骗等；还有通过短信链接钓鱼网站方式植入木马诈骗，通过引诱事主点击短信中的链接，从而从后台下载木马程序或链接钓鱼网站方式获取事主手机中的通讯录、短信、银行卡、支付宝信息等实施诈骗。一旦得手，迅速通过网银转账、第三方支付平台、赌博网站、购买网络游戏点卡装备等方式套现洗钱。在一整套诈骗过程中，涉及的犯罪手段包括计算机黑客、网络技术等，并运用心理学、社会学的相关知识，利用被害人同情、求安全或者是不愿意声张的心理弱点，利用、控制被害人，远程控制其行为，致使其上当受骗。

目前，利用高科技手段进行的电信网络诈骗的手段呈现出多样化的发展态势，通过移动电话、固定电话或者网络实施诈骗的形式多种多样，具体表现为散布虚假购物信息、冒充国家机关工作人员、冒充银行工作人员、冒充电信部门工作人员、冒充亲友等形式实施电信网络诈骗。尽管这些作案手法有着高技术性、智能化的特点，但随着公安机关的打击以及新闻媒体的报道和解密，已为大多数人所熟知。犯罪嫌疑人也为逃避打击而不断变换更新作案手段，作案手段历经了中奖诈骗、发送汇款短信、虚假购物信息诈骗、电话欠费、购车退税等，最近甚至还出现了银行卡过期等新型的作案手法，电信网络诈骗手段更新速度可谓日新月异，令人防不胜防。

3. 运用"精准信息"的诈骗

精准信息诈骗，是电信网络诈骗的一种方式。"精准信息诈骗"，除了基本信息，还能知道你的职业、爱好乃至最近关注的事物、当前的状态。不法分子会通过不法渠道获得个人信息，对个人进行"量身定做"的精准诈骗，这种骗术越来越难被当事者识破，因为骗子知道这么多真实、准确的个人信息。徐玉玉就是这种"精准信息诈骗"的受害者。

从 2016 年侦破的电信网络诈骗违法犯罪案件可以看出，为增加欺骗性，犯罪分子紧跟社会热点，精心设计骗术"剧本"，针对不同群体量体裁衣，从"猜猜我是谁""你有法院传票"，到助学贷款、征兵入伍等，五花八门。随着公民个人信息泄露日益严重，犯罪分子也从过去"漫天撒网"、不定向寻找诈骗对象，逐渐发展成获取被害人身份信息，实施"精准信息诈骗"。

1.4 受害群体特征及犯罪重点地区

1. 受害群体特征

电信网络诈骗最常用的方法是利用所收集的被害人个人信息，制造诈骗对象合法权益受到侵害的紧急状态，利用被害人及其亲属的慌乱、紧张情绪，让其自愿将财物交付给不法分子。其实如果电信网络诈骗的被害人对不法分子之真实身份、所编造之状况加以核实，在很多情况下诈骗是可以有效避免的。这种核实意识的缺乏其实比较普遍，与被害人的年龄、性别、职业、受教育程度没有必然的联系。

前些年，电信网络诈骗的受害者群体主要为老年人、低学历等弱势群体。但在近几年发生的电信网络诈骗案件中，受害者有年轻的大学生、演艺界明星、教师，甚至教授，且青年人成为主要的受骗群体。这些人往往判断能力较成年人弱，尤其是大学生未经历过社会的洗礼，相关经验不足；而老年人则是因为年龄问题，随着年龄的增长，将伴随着判断能力的下降，当接到其子女发生严重事故的诈骗信息时，老年人往往会慌张，失去判断能力，从而掉入电信网络诈骗分子的陷阱。

目前受害者群体的发展趋势是：受害群体从较大城市逐步向县城、农村扩展，受害人从中老年逐步向青少年扩展[67]。受害人群体既有普通老百姓，又有受过高等教育的知识分子和国家公务人员，甚至还有资深职业经理和公司企业老总。这说明，诈骗手段的推陈更新具备了很高的专业化水准，民众已经很难只凭借日常的逻辑思维去辨析信息的真伪。犯罪分子正是利用了民众的"惯性思维"，以"朋友""领导""公安机关"等民众普遍信任的关系进行诈骗，导致民众不敢过多质问对方的身份信息，致使不

---

[67] 杨晓宁，黄丽娜. 我国大陆地区电信诈骗新特点及侦防对策[J]. 云南警官学院学报，2016（4）：91.

法分子很容易地完成诈骗目的。

因此，政府、社会、家庭、金融机构应当相互配合，有效预防老年人陷入电信网络诈骗的陷阱。在社会方面，群策群力促进老年人的防骗意识，切实维护经济社会的和谐稳定；在家庭方面，子女要经常和家里的老人保持沟通，多一些关爱，弥补他们情感的缺失和心理需求；在银行方面，商业银行应当结合老年人的特点，向老年人普及防范电信网络诈骗的知识，从防止金融诈骗到管理养老资产等，共同防范电信网络诈骗的风险。

2. 犯罪重点地区

电信网络诈骗在国内不断渗透和发展，在区域内呈现出较强的示范性，因此，越来越呈现出区域化、职业化的发展趋势。2016 年 5 月，国务院曾经点名了七个电信网络诈骗犯罪重点地区，这七个"诈骗大县"各有"绝招"。

（1）河北省丰宁县：冒充黑社会诈骗

河北省丰宁县的这些群体诈骗犯虽来自河北，但都操一口东北话，冒充东北的"黑社会"。他们通过网上购买个人信息，告知受害人得罪了人，结下了仇家，对受害人进行初步恐吓，进而加强恐吓力度，并通过语言暴力升级，进一步恐吓受害人。最后，试探性地提出让受害人"破财免灾"，索要辛苦费等实施诈骗。

（2）江西省余干县：重金求子诈骗

重金求子诈骗一般是用高额现金作为诱饵，以"传宗接代"为事由，对心存幻想的受害人施行电信网络诈骗。诈骗犯会采取发送短信、拨打电话、发送 QQ 消息等方式，宣传"富婆求子"。其中诈骗犯分别冒充富婆、富婆老公、秘书、律师、海关人员等，精心设计圈套，对受害人施行电信网络诈骗。

（3）湖南省双峰县：PS 图片敲诈

湖南省双峰县盛行的诈骗的名目很多，有无抵押贷款、买卖走私车辆、买卖枪支等。其中最为典型的是"PS 诈骗"，其主要手段是将官员头像与裸露女子照片通过软件拼接，并给党政干部发送敲诈信息，威胁要将照片交给记者和纪委，利用党政干部害怕东窗事发对其进行敲诈。

（4）广东省茂名市电白区：假冒熟人和领导诈骗

广东省茂名市电白区"假冒熟人和领导诈骗"盛行于 2014 年，此后还发展成新型诈骗手段"猜猜我是谁"。在这些案件中，诈骗犯操一口广东口音，伪装成领导，他们并不直接对受害者进行具体的诈骗，而是以"明天来我办公室一趟"，然后以领导的身份要求受害人进行转账汇款，利用受害人"不敢得罪领导"的心理对受害人进行进一步的诈骗。

（5）广西壮族自治区宾阳县：假冒 QQ 好友诈骗

广西壮族自治区宾阳县盛行的 QQ 诈骗手段一直在不断升级变化。最开始，这类 QQ 诈骗通过木马盗取 QQ 号，让 QQ 好友代充电话费；2010 年左右发展为 QQ 视频诈骗，以 QQ 视频确认身份，要求被害人转账汇款；2013 年左右发展为针对大学生家人，借口手术、缴费等对受害人进行诈骗；2014 年发展为针对单位财务人员进行"精准诈骗"，主要以盗取财务人员的 QQ 号，然后以领导的身份要求财务人员进行转账汇款。

（6）海南省儋州市：机票退改签诈骗

海南省儋州市的诈骗犯有 60%以上实施"机票退改签诈骗"。这类诈骗侵入航空公司的售票系统，盗取旅客精准的客户信息，并定向发送"退改签"的短信，并留下"400"的联系电话。当受害人打电话咨询时，诈骗犯便会要求受害者通过 ATM 机转账"20 元工本费"，利用受害人"急于出行"的心理，不仅让消费者蒙受财产损失，同时对航空公司的信誉造成了极大的影响。

（7）福建省龙岩市新罗区：网络购物诈骗

福建省龙岩市新罗区的"网络购物诈骗"主要有三种情况：一是诈骗

犯在网站购买手机等贵重物品，谎称没收到快递，从而获利；二是利用淘宝旺旺等工具向淘宝商户套取客户信息，从而获利；三是谎称网络购物不成功或缺货，要求买家办理退款或取消订单等事宜，引导买家按照要求重新操作，从而成功实施诈骗。

1.5　打击电信网络诈骗专项行动

近年来，电信网络诈骗新型违法犯罪已成为影响社会稳定和群众安全感的突出犯罪问题[68]。针对越来越猖獗的电信网络诈骗，全国、各省市从各个层面开展了一系列打击治理电信网络诈骗专项行动，其中范围最广、影响最深的当属国务院批准建立的，由 23 个部门和单位组成的打击治理电信网络新型违法犯罪工作部际联席会议制度[69]。该专项行动主要注重关口前移，强化源头治理，进一步规范银行、电信、网络公司、软件开发企业的经营行为。禁止网络改号电话运营，整治违规出租电信线路、制作传播改号软件等不法经营行为，严格规范对"一号通""400""商务总机"等重点电信业务市场的管理，加强对电话卡社会营销渠道的管理，依法强制关停涉案诈骗电话。加强银行卡安全管理，坚决打击买卖银行卡不法行为，督促商业银行建立涉嫌电信网络诈骗账户黑名单制度。研究建立打击电信网络诈骗犯罪即时查询、紧急止付、快速冻结工作机制，切实提高涉案资金查控效率，尽可能减少受害群众的财产损失。

专项行动还要求要充分发动群众、紧紧依靠群众，针对犯罪分子善于抓住一些公众心理，精心设局、步步设套，诈骗手法不断翻新，使人防不

---

[68] 来源：公安部副部长李伟在国务院打击治理电信网络新型违法犯罪工作部际联席会议电视电话会议上的讲话，2015 年 11 月 30 日.

[69] 23 个部门和单位包括：公安部、工信部、中宣部、中国人民银行、银监会、最高人民法院、最高人民检察院、中国电信、中国联通、中国移动等.

胜防的特点，广泛深入开展宣传教育活动，及时揭露不法分子的犯罪手法和伎俩，切实提高群众识骗防范意识和能力。要及时公布打击治理进展，彰显党和政府坚决打击违法犯罪、维护群众权益的信心和决心，有效震慑违法犯罪活动。

1.5.1 工业和信息化部加强组织领导，治理工作成效显著[70]

自防范打击电信网络诈骗专项行动开展以来，在全行业的共同努力下，防范打击电信网络诈骗工作取得阶段性明显成效。据中国互联网协会12321 举报受理中心统计，2016 年 10 月，用户举报诈骗电话号码数量出现环比下降，降幅达 39%，11 月与 10 月数量基本持平，12 月环比下降 18%，2017 年 1 月环比再下降 37%，一度被诈骗电话这个"雾霾"干扰的信息通信业环境逐渐"清朗"。

2016 年，工业和信息化部全面贯彻落实中央关于防范打击电信网络诈骗犯罪工作的指示精神，在国务院打击治理电信网络新型违法犯罪工作部际联席会议机制的统一部署下，按照"突出重点、技管结合、落实责任、标本兼治"的总体工作思路，突出源头治理，强化责任落实，全力以赴推进防范打击电信网络诈骗各项工作。全行业站在服务国家政治大局、保障人民群众切身利益、维护行业健康有序发展的高度，充分认识防范打击电信网络诈骗工作的重要性和紧迫性，统一思想认识，坚决落实党中央的要求，牢固树立以人民为中心的发展理念，把防范打击电信网络诈骗工作当成一项重大的政治任务。行业主管部门多次召开全国电视电话会议、现场会议进行部署、动员，组织开展全国十省市大检查和多轮次专项检查。三家运营商作为防范打击电信网络诈骗工作的重要责任主体，立即采取行动，不等不靠，不打折扣，坚决贯彻落实。从通信行业源头治理入手，查找漏

---

[70] 人民邮电报.全国防范打击电信网络诈骗工作取得阶段性明显成效 诈骗电话数量环比大幅下降 [EB/OL].[2017-3-3].http://www.cnii.com.cn/wlkb/rmydb/content/2017-03/03/content_1827002.htm.

洞，建立防线。全行业上下一心，开展了一场打击电信网络诈骗的攻坚战。

在源头治理方面，全行业进一步聚焦问题，狠抓落实，不断强化薄弱环节。一是在电话用户实名制方面，严格全面落实电话用户实名登记要求。在新入网用户方面，督促电信企业严格落实现场拍照、在线视频实人认证等身份核验措施。在老用户补登记方面，2016 年共组织 1.2 亿老电话用户进行实名补登记，实现了全部电话用户的实名登记。二是在技术手段建设方面，结合电信网络的结构特点，组织建立了多层次、立体化的拦截体系，不断压缩电信网络诈骗传播渠道，目前月均拦截诈骗呼叫 1.73 亿多次。三是在重点业务治理和改号软件治理方面，关停违规语音专线 3.1 万条，关停违规"400"号码 76.4 万个；全面实施语音专线主叫鉴权，建立专线业务异常经营行为防范监测手段，严防严控被不法分子利用从事违规经营活动；严格规范国际通信业务出入口主叫号码传送，对国际来电进行提醒，严格执行社会营销渠道代理资质审核制度，切实履行对代理商的管理责任，最大限度地防范和化解电信网络诈骗风险；组织互联网企业开展改号软件整治，屏蔽网上改号软件搜索结果 2 亿余条，让非法改号软件"看不见、搜不到、下载不了"。四是在机制建设方面，三家企业制定完善任务清单、责任清单，进一步细化明确责任部门、责任人和时间进度表，逐级签订责任书，确保防范打击工作任务到岗、责任到人。此外，企业还加大责任追究力度，制定出台本企业防范打击电信网络诈骗工作问责办法，建立责任倒查机制，对于落实不到位、出现问题的省级公司及集团公司相关部门领导班子、领导干部进行通报、约谈，甚至责令免职等，形成"不想违规、不能违规、不敢违规"的工作局面。在配合打击方面，密切与公安等相关部门的工作联动，与公安机关建立健全部省两级涉案电话号码快速关停、涉案线索快速查询以及重大案件情况通报机制。配合公安机关关停涉案号码 80.6 万余个，配合查处相关违法犯罪案件 407 起。

"两会"前夕，工信部打击电信网络诈骗领导小组又召开会议，与会企业表示将进一步做好 2017 年防范打击相关工作，巩固成效，把防范打击电信网络诈骗工作推向深入，以清朗的信息通信环境迎接党的十九大的胜利召开。

1.5.2　12321 举报中心积极配合，受理和处置垃圾信息[71]

为配合信息通信业做好防范打击电信网络诈骗有关工作，12321 网络不良与垃圾信息举报受理中心（以下简称"12321 举报中心"）积极做好诈骗类信息的受理处置工作，建立号码处置机制，大力整治改号软件，一年来共受理举报诈骗电话近 16.8 万件次，受理涉嫌欺诈类短信 40 347 件次，累计屏蔽"改号软件类"搜索结果超过 2 亿条，依托"安全百店"工作机制，下架改号软件链接 682 个。

12321 举报中心充分发挥自身在处理垃圾短信、诈骗电话、骚扰电话、垃圾邮件、不良 APP 和网站、个人信息泄露等方面的专业优势，通过对涉嫌诈骗的电话和短信的举报受理，进一步完善工信部建立的通报机制。从 2016 年 3 月起，定期向工业和信息化部提供电信网络诈骗情况通报，并为运营商处置诈骗信息提供支撑。2016 年 3 月至 2017 年 2 月，12321 举报中心共受理举报诈骗电话近 16 万余件次、涉嫌欺诈类短信 4 万余件次。基础电信运营企业及移动转售企业对涉嫌号码给予停机或将其列入垃圾短信黑名单。

为了彻底截断脚本式诈骗的利益链条，12321 举报中心利用技术手段及时提取诈骗短信中的受益号码，目前已与三大运营商建立了诈骗电话的举报处置机制。12321 举报中心将举报的诈骗电话和短信中的相关受益号码提交给基础运营商，由其快速关停处置。

为斩掉假冒、冒充式电信网络诈骗的根源，12321 举报中心大力整治清理改号软件。截至 2017 年 2 月底，12321 举报中心定期巡检百度、奇虎 360、阿里云、宜搜、国搜、简搜、搜狗 7 家搜索企业，累计屏蔽搜索结

---

[71] 人民邮电报.12321 举报中心积极开展防范打击电信网络诈骗举报通报[EB/OL].[2017-3-15].
http://www.isc.org.cn/zxzx/xhdt/listinfo-35222.html.

果超过 2 亿条，删除下载和链接信息 45 万余条；同时联动百家手机应用商店的"安全百店"成员单位累计下架改号软件链接 682 个。

此外，截至 2017 年 2 月底，12321 举报中心共受理用户举报的涉嫌个人信息泄露的网址信息达 46 985 件次，督促新浪爱问、百度文库、51 游戏等 26 家网站删除泄露个人信息的内容。相关网站即刻加大技术筛查和人工审核的力度，及时删除了涉及姓名、身份证号、手机号码的近 10 万条记录。12321 举报中心联动国内百家应用商店，处置侵犯网民隐私类 APP 120 款、网络链接 338 个。

与此同时，12321 举报中心编写了《2016 移动互联网安全知识手册》，从剖析典型案例入手，提出预警提醒与防范建议，提高公众的网络安全防护能力；并组织保护网民权益创新和优秀实践案例征集评选、召开"2016 中国网民权益保护论坛"、开展网民权益保护问卷调查，发布《2016 中国网民权益保护调查报告》，引发全社会对个人信息安全的关注。

下一步，12321 举报中心将继续全面贯彻工业和信息化部《关于进一步防范和打击电信网络诈骗工作的实施意见》（452 号文）的工作要求，进一步做细做好举报受理工作：一是继续扩大举报来源，进一步加强与互联网企业以及手机厂商的合作；二是进一步提高举报数据的准确性，加强与运营商的沟通，识别虚假主叫号码，提高举报数据的质量；三是不断完善举报受理工作机制，对成型的诈骗剧本进行有针对性的专项打击。与此同时，进一步加强普教宣传，提高公众的网络安全意识和防范能力。

1.5.3 地方通信管理局重拳出击，建立反电信网络诈骗平台

1. 江苏省诈骗电话智能拦截平台——源头阻断

为及时阻断诈骗、骚扰等恶意电话，切实保障江苏省正常的通信秩序，有效减少电信网络诈骗案件的发生，江苏省通信管理局联合省公安厅出台

了江苏省恶意电话拦截机制，化被动为主动，对老百姓反响强烈的改号诈骗、"响一声就挂""呼死你"、骚扰式营销等恶意电话进行重拳出击，构建了一道江苏通信网络防范电信网络诈骗的"防火墙"。

江苏省恶意电话拦截机制共定义了 14 类典型电话诈骗行为和 3 类电话骚扰行为，并依托目前在建的江苏省诈骗电话智能拦截平台进行具体落地。根据机制的要求，拦截平台将利用电信呼叫控制技术和大数据智能分析技术对相关恶意电话行为进行自动识别、分析和拦截处置。

自 2016 年 4 月境外电话拦截功能陆续投入应用以来，江苏省通信网络诈骗案件发案数首次出现拐点，同比下降 10.1%。全省境外冒充公检法机关实施的诈骗案件由往年日均发案 30 起以上，降为日均发案 18 起左右，尤其是拦截系统覆盖较为全面的无锡市，2016 年 6 月全市接报此类案件 24 起，同比下降 71.4%。

江苏省通信管理局在全面开展手机"黑卡"专项整治工作的同时，会同省公安厅全力抓好诈骗电话智能全网拦截平台建设工作；中国移动江苏分公司会同省公安厅、省通信管理局联合开发了防欺诈虚假域名管理平台。"两个平台"自上线运行以来，仅 2016 年二季度全省通信网络诈骗案件同比下降 10.1%，全省通信网络诈骗案件被骗资金同比下降 21.2%。

2. 上海市反电信网络诈骗中心——综合响应

上海市反电信网络诈骗中心平台于 2016 年 7 月正式启动。2016 年 3 月 21 日投入试运行期间，该中心平台已成功冻结通过电信网络被骗的资金共计 833 万元人民币、464.6 万欧元、395 万美元，劝阻潜在被害人 11 000 余人次。该平台于 2016 年 8 月完成全面建设部署，历时仅半年。2016 年 6 月至 9 月，系统从逐步上线到全面启动，累计精准阻截了境内外诈骗电话近 400 万个。该中心依托上海市联席会议平台，与上海市通信管理局和商业银行等政企单位对接，建立了"一点对接，综合响应"的联动工作体系，实现了对诈骗号码、诈骗网址、溯源查询、伪基站监测的快速处置配合，大幅提高了平台针对电信网络诈骗案件的查处效率，而且可以有效阻止受害人资金被盗取转移。

新启用的中心平台已实现与 110 报警服务中心、报警人之间的"三方通话"机制，与 12345 市民热线对接，开通 962110 举报咨询热线、106380962110 短信举报咨询平台以及新浪微博、微信公众号，24 小时受理语音、图像、视频等多种形式的咨询和举报，并向社会推送中心平台运作实效和防范要点。据上海市公安部门统计，上海地区诈骗电话发案数、涉案金额呈现同步下降趋势；从实际感受来看，上海市民接到的诈骗电话频率大幅下降，上海地区诈骗电话泛滥的局面得到初步控制。截至 2016 年 10 月 6 日，上海市通信管理局组织各电信企业配合平台快速关停诈骗号码 4196 个，封堵诈骗网址 1072 个，配合公安部门缴获伪基站设备 140 套，抓获犯罪嫌疑人 169 人，有力地支撑了公安部门的侦查工作，提升了事中劝阻和事后侦查打击的工作力度。

3. 云南省打击电信网络诈骗中心——监测预警

2016 年，云南省通信管理局与省公安厅联合成立了"云南省打击电信网络诈骗中心"，中心的最主要职责就是建设和运行"云南省诈骗电话监测预警系统"。该系统由"话单接收服务器""恶意号码检测引擎""Portal 服务器"三部分组成。其中："话单接收服务器"负责接收运营商侧通话用户的实时话单，并上报至恶意号码检测引擎；"恶意号码检测引擎"在收到话单后，对号码的"通话特征+通话行为"进行分析，可在 5 分钟内识别出话单中的受害用户号码及疑似号码，并通过离线训练系统自动训练，定期更新计算逻辑，适应诈骗手段的不断更新，提高识别的准确率；"Portal 服务器"主要负责识别结果的输出、呈现，并记录存储。该系统已具备对不规范主叫的发现与监测、疑似诈骗号码的发现与监测两大功能。根据监测数据，诈骗电话主要为"境外改号号码""400 号码""移动电话号码""171/170 虚商号码""固定电话号码"五大类。通过核查疑似诈骗号码的实名情况，一方面发现了企业内部的管理问题，另一方面起到了监督检查的作用。

自 2016 年 4 月 26 日系统上线以来，截至 2016 年 7 月 31 日，共监测诈骗电话 453 316 起，其中深度受害案例 3153 起。深度受害案例中冒充公检法 1611 起，冒充客服/中奖 164 起，冒充领导熟人 1302 起，冒充银行 76 起。云南省通信管理局与公安机关工作人员对深度受骗用户进行人工外呼劝阻，共计挽回经济损失近 567.82 万元，及时地保护了被骗人的财产。

4. 深圳公安局反信息诈骗中心——源头反制

2013 年成立的深圳公安局反信息诈骗中心是全国首家反信息诈骗中心，作为长期战斗在反信息诈骗第一线的实战团队，反信息诈骗中心立足"源头治理、以防为主"的理念，先后攻克了如何斩断"信息链""资金链"的难关，初步构建了公安、通信、金融部门的"铁三角"防控格局，建立起应急处置、常态监测、立体防范、源头管控的"源头反制"机制，紧盯犯罪手法、作案工具、受害群体等重点要素。

目前，深圳市公安局已经与深圳市银行业协会、中国银行业监督管理委员会深圳监管局签订了《深圳市反信息犯罪案件涉案账户资金应急处置合作协议》，对涉信息诈骗案件中证据认定资金走向明确、属无争议且有证据证明犯罪事实、已经确实发生的信息诈骗赃款，银行系统要按照"风险止付、原路返还"的侦查措施要求，研究建立相关机制，依法予以及时返还。此外，深圳还建立了"涉案账户资金网络查控平台"，公安机关通过指定的网络渠道对接各商业银行，实现警银联动的信息化、集约化和高效化的合作机制。

仅 2016 年 11 月，深圳市反信息诈骗中心共接入群众来电 16 068 人次，呼入最高一天达 1435 次（2016 年 11 月 21 日）；咨询员直接劝阻 1222 人避免被骗汇款，涉及金额达 713.96 万元；同时，还为市民提供信息诈骗防范技巧咨询 9030 人次，为受害人提供报警指导、心理抚慰等服务 1576 人次，接受举报 4368 人次，"呼死"涉案电话 532 个、银行账号 387 个，通报运营商关停涉案电话 237 个，通报银行锁控涉案银行账号 1603 个，冻结涉案资金达 3406.21 万元，处置违法网站 90 个。

深圳市还创新了管控模式，"管"是指加强银行内部开卡监管，对疑似风险账户进行限制银行业务功能，从源头上切断诈骗资金的流转渠道。根据央行《关于加强账户业务管理的通知》的规定，从账户开设、监管、结算、转账、提现等方面进行细化和完善，特别是对"可疑账户"，限制其网银、手机银行和 ATM 机自助功能，只保留银行柜台服务功能，这一举措极大地遏制了银行卡流入诈骗渠道；"控"是指对涉嫌电信网络诈骗的高危人员进行开卡风险控制，并及时将这些高危人员纳入征信体系，实现了对诈骗账户的提前预判和主动防控。

1.5.4　基础运营商严格执行，治理工作向纵深展开

1.　中国电信出组合重拳防范打击电信网络诈骗[72]

按照工信部的统一要求，中国电信集团公司高度重视、精心组织、狠抓落实，持续全面推进落实防范打击电信网络诈骗工作。中国电信建设了集团—省两级防范电信网络诈骗体系，主动防御、提前拦截异常话务，仅 2016 年就为用户挽回潜在经济损失约 8.5 亿元人民币。12321 网络不良与垃圾信息举报受理中心的数据显示，中国电信 2016 年 10 月至 2017 年 1 月连续 4 月诈骗电话被举报件次呈环比下降趋势，月环比平均下降

---

[72] 人民邮电报.中国电信出组合重拳防范打击电信网络诈骗[EB/OL].[2017-3-8].http://mt.
sohu.com/20170308/n482728789.shtml.

幅度为 34%。

在责任落实方面，中国电信集团公司成立了专项行动领导小组和工作办公室，补充和完善重点业务管理制度、举报受理处理反馈机制、监督检查制度和责任追究制度等，并将工作分解落实到部门、到人、到工作计划、到时间表、到制度、到闭环流程，逐一分解任务落实责任。

中国电信集团公司制定了《关于印发中国电信防范打击电信网络诈骗工作问责办法（试行）的通知》，并将防范打击电信网络诈骗专项工作列入对各省年度绩效考核指标，31 个省（市、自治区）及专业公司与集团公司签订了防范打击电信网络诈骗工作责任书。加强对专项工作的监督检查和考核追究，完善相应的工作督查、整改、检查和考核追究机制，加大违规行为追责处罚力度，并对举报通报件次居高不下的地区公司负责人进行了约谈和问责。针对防范打击电信网络诈骗工作，中国电信共考核问责 335 人。

在整顿和规范重点电信业务方面，中国电信积极完成语音中继线清查和代理渠道清查工作，2016 年累计清查中继线 87 335 条，拆除 13 682 条。完成"400"业务清查工作，累计清查"400"号码 52.3 万个，其中关停号码 11.6 万个。力度最大的是完成一号通与商务总机排查工作，排查全网一号通存量用户 29.2 万户，其中关停用户 24.8 万户。排查全网商务总机存量用户 44.9 万户，其中关停用户 28.5 万户。

在推进技术手段建设方面，一是中国电信各省级公司完成省内网内、网间不良号码监测处置系统建设；建设集团—省两级防范电信网络诈骗体系，被工信部评为 2016 年行业网络安全试点示范项目。该体系可对异常国际来话、网间来话及网内来话进行拦截，自启用以来，集团、省两级异常话务拦截量达 8.5 亿多次。二是联合腾讯公司开发运营了"天翼安全中心"APP，借助中国电信的网络和平台的安全能力，为用户提供病毒查杀、隐私保护、流量管理、清理加速等基础防护服务。"天翼安全中心"将中国电信的恶意病毒监测处置能力和骚扰及恶意电话网络拦截能力相结合，根据不良信息名单库、电信号百商家黄页库提供网络杀毒预警、骚扰及诈骗提醒、流量使用统计、未知来电标识等安全防护功能。截至 2016 年 12 月底，天翼安全中心来电提示服务 APP 已获得 934 万用户的认可，并在持续增加。

在举报受理和涉案号码关停方面，中国电信 10000 号负责电信网络诈骗的受理举报工作，2016 年 4～12 月，累计受理用户举报 21.9 万件。积极配合公安部门，对于公安通报的涉案号码组织实施快速关停，截至目前，全网配合公安机关关停涉案号码 27 批次 2.6 万余个，核查涉案线索 467 条。

下一步中国电信将继续全面贯彻落实《工业和信息化部关于进一步防范和打击电信网络诈骗工作的实施意见》，进一步加大源头治理力度，认真梳理薄弱环节和潜在风险，加强防范，用好制度、培训、检查、考核及技术手段 5 个"抓手"，将专项工作转入常态化。

2. 中国联通为用户挽回经济损失约 6.8 亿元[73]

在工业和信息化部的统一部署下，中国联通严格抓好重点业务清理、技术手段支撑和责任体系建设，通过建立诈骗电话拦截防范系统、下架改号软件、加强追责力度和上线提醒服务等手段切实维护行业的正常通信秩序、保护用户的合法权益，截至 2016 年年底，为用户挽回经济损失约 6.8 亿元。

加强重点业务治理。在重点业务清理方面，在实现电话用户实名登记率达 100%的基础上，中国联通积极开展"一证多卡"的排查清理，并通过对物联网业务的全面整顿，确保物联网平台用户 100%实名登记。同时采取"三关一停一问责"的措施，全面规范整顿"400"、语音专线等重点业务，于 2016 年 9 月全国上线防范打击电信网络诈骗业务管理系统，新

---

73 人民邮电报.完善防欺诈提醒服务 中国联通为用户挽回经济损失约 6.8 亿元[EB/OL].[2017-3-13].
http://www.chinaunicom.com.cn/news/ywsm/mtjj/file1052.html.

增语音专线、"400"、一号通、商务总机业务必须经过该系统审批，严格做到重点业务 100%实名，截至 2016 年年底，累计清理"400"号码 61 万余个，清理语音专线 1.3 万余条，清理"一号通"业务 9883 户。

加强打击能力建设。为给全社会筑牢电信网络诈骗拦截防范的"防火墙"，中国联通不断强化技术手段，增强打击能力。针对国际、国内虚假主叫，严格落实国际非法"+86 电话"拦截要求，全年累计拦截 4013 万次；基于现网系统，启动网内、网间虚假主叫发现与拦截能力改造，尽快形成拦截能力。在治理改号软件上，积极做好内部应用商店全量上架软件排查，并建立完善屏蔽词库，设立"改号""魔号"等 48 个关键词，累计屏蔽 283 款第三方商店违规软件，让改号软件"看不见、搜不到、下载不了"。

加大问责力度。中国联通加大追责力度，下发问责管理办法，将防范打击电信网络诈骗工作要求纳入总部和各省级分公司的 KPI 考核和扣分项，2016 年集团总部成立专家组开展了两次全国范围检查、一次 9 省督察，2017 年实现常态化检查机制。此外，还专门开发了上线溯源倒查系统，建立内部快速倒查机制，基于大数据技术发现疑似诈骗号码，对号码追查到最初发展人员和相关责任人，并将违规经营行为和问责处罚情况登记备案。

上线疑似诈骗号码溯源系统，加强用户宣传提醒。行业内率先上线防欺诈提醒服务，免费覆盖全网手机用户，精准定位疑似被骗用户并进行短信、电话等方式提醒，日均提醒 2 万次，为用户挽回经济损失约 6.8 亿元。上线防骚扰提醒服务，无需安装客户端并适用于所有手机类型，免费提供诈骗电话提醒服务，目前用户规模已突破 1000 万户，日均提醒 140 万次。与此同时，积极配合公安机关建立涉案号码快速封停机制，截至 2016 年年底，累计封停号码 17 236 个。

下一步，中国联通将继续全面贯彻工业和信息化部《关于进一步防范和打击电信网络诈骗工作的实施意见》（452 号文）等工作要求，进一步巩固治理成效，完善责任管理体系，持续推进重点工作落实到位，形成防范打击电信网络诈骗工作的长效机制。

3. 中国移动 2016 年第四季度被举报的诈骗号码环比下降 34.2% [74]

按照工业和信息化部的统一部署，中国移动持续开展防范打击电信网络诈骗专项治理行动，针对"国际、网间、网内"不同源头的诈骗电话，按照"国际拦截、网间联动、网内严打"的原则，形成一整套治理体系。截至目前，已形成了涵盖诈骗电话拦截、重点业务清理、伪基站治理、涉案号码核查的电信网络诈骗综合治理格局，根据 12321 网络不良与垃圾信息举报受理中心的数据显示，2016 年第四季度中国移动涉嫌电信网络诈骗被举报通报的号码环比下降 34.2%。

在重点业务整顿规范方面，中国移动各省公司已完成对语音专线、"400"存量客户的全面清查工作，自 2016 年 10 月以来，中国移动已关停语音专线约 4000 条；关停"400"号码 6.4 万个，关停或迁移"一号通"类业务用户 6 万个。针对语音专线业务带来的骚扰电话，中国移动建立了语音专线集中管控平台，2017 年 1 月监控处理呼叫 3591.97 万次，有效降低了专线业务骚扰电话的产生。

在加强技术手段建设方面，针对"国际、网间、网内"不同源头的诈骗电话，中国移动按照"国际拦截、网间联动、网内严打"的原则，形成了一整套治理体系。针对国际诈骗电话，提出"识别+验证+拦截"的思路，组织建设了国际、国内监控拦截体系。针对网间虚假主叫，建设了虚假主叫集中管控平台。针对网间语音群呼类骚扰诈骗电话，利用骚扰电话集中管控平台开展全网监测，并利用人工回拨取证及投诉数据分析的方式开展集中研判。针对网内改号风险，对全网 8.4 万台专线 PBX 设备实施主叫白名单管理。2016 年，月均拦截国际诈骗电话 904 万余次，月均拦截网间虚

---

[74] 人民邮电报.形成打击诈骗综合治理新格局 中国移动 2016 年第四季度被举报的诈骗号码环比下降 34.2%[EB/OL].[2017-3-8].http://www.cnii.com.cn/telecom/2017-03/08/content_1828734.htm.

假主叫 3754 万次，月均发现处置"响一声"电话 9 万余个，研判网间语音群呼类疑似骚扰诈骗号码 62 万余个，处置违规号码 7 万余个。

在加强宣传教育及预警方面，中国移动在门户网站开设诈骗信息"举报专区"和"预警提示专区"，充分利用传统媒体和新兴媒体加强宣传引导，营造良好的舆论环境，提升用户的权益保护意识和安全防护能力；同时，依托"彩印"业务为用户免费提供涉嫌诈骗号码提示服务。目前，相关服务已覆盖 30 个省（市、自治区）总计 6300 万用户，月均提醒量 2.5 亿次。

为了督促责任落实，中国移动制定下发了工作问责办法，强化对违规单位负责人和直接责任人的考核问责震慑力度。各省公司均参照集团问责办法，制定并下发问责实施细则，严格强化责任倒查与追究，确保各项工作落到实处。截至目前，中国移动集团公司及各省公司已根据问责办法对 220 余人进行了问责，"压力层层传导、责任层层落实"的工作氛围已经形成。

与此同时，中国移动积极配合公安等部门，完善"涉案封停、拓展封停"流程，目前已累计关停涉案号码 28 批 1.31 万余个，并自 2016 年 10 月以来建立了覆盖 31 个省（市、自治区）的涉嫌诈骗号码的倒查流程，对于公安机关通报的问题开展深入核查。

下一步，中国移动将继续全面贯彻工业和信息化部《关于进一步防范和打击电信网络诈骗工作的实施意见》（452 号文）等工作要求，坚持技管结合，坚持责任落实，全力践行"2-5-1"的工作思路，即立足强化保障、宣传教育两项重点，紧抓狠抓实名制、重点业务、整治改号、手段建设、信息保护 5 个关键，以及着力强化责任追究一个抓手，持续推动防范打击电信网络诈骗工作向纵深开展。

1.5.5　专业智库积极响应，做好支撑服务工作[75]

为配合通信行业做好防范打击电信网络诈骗有关工作，中国信息通信研究院积极发挥自身在技术研发、政策研究、标准制定等方面的优势，成立了院内专业团队，深入梳理新型电信网络诈骗的主要形式、特点与技术原理，分析诈骗产业链和有关重点业务的关键环节，结合国外做法和我国实际，就法律法规、监管政策与措施、技术标准和手段能力优化等开展专题研究，积极配合做好各项支撑服务工作。

为进一步支撑防范打击电信网络诈骗专项工作，中国信息通信研究院积极推进大数据信息化支撑平台建设，将多种技术手段融为一体，对各类涉嫌电信网络诈骗的呼叫进行主叫来源核查，完善主被叫结合的涉嫌诈骗呼叫核查流程，有效验证电信企业有关语音专线主叫鉴权、网内和网间虚假主叫的监测的情况。

根据相关要求，中国信息通信研究院还提出了电信网络诈骗防治纳入省级基础电信企业网络与信息安全责任考核的方案，形成了三大类 20 余项可量化的考核项目，并按照"简明扼要、精准可行"的原则，选取与工作机制和技术手段有关的关键指标研究提出细化评分标准，并跟进企业存在的违法违规、未按要求整改、未内部追责、未配合开展相关工作等问题，及时汇总分析全国企业专项考核结果。

为了支持专项行动监督检查工作，中国信息通信研究院的专家团队配合制定检查方案，细化现场监督检查程序和检查方式，确保检查不流于形式、不走过场；并组织安排院内大量专业人员，通过查阅材料、现场访谈、实地检查等方式，赴全国各地参加专项监督检查。此外，积极发挥技术、政策等领域的研究优势，利用微信、微博公众号和国内期刊等宣传工具，

---

[75] 人民邮电报.中国信通院做好打击电信网络诈骗专项行动"智囊团"[EB/OL].
[2017-3-15].http://main.catr.cn/xwdt/hyxw/201703/t20170315_2189724.htm.

从专业视角对新型电信网络诈骗有关热点、关键问题进行剖析。下一步，中国信息通信研究院将加快研究完善违法违规主体信息共享、呼叫联动核查、号码标记管理等机制，不断优化相关信息安全管理技术平台功能，利用大数据挖掘和智能分析手段，强化技术与数据资源在打击防范电信网络诈骗、行业信息全监管等工作中的应用，同时也将加强电信网络诈骗新发案例的研究与跟踪，积极推进新技术、新业务安全评估工作，制定完善技术标准规范，加强各类重点业务的风险防控措施和策略研究，及时消减各类安全隐患。

在接下来的工作中，中国信息通信研究院将继续秉持"国家高端专业智库、行业创新发展平台"的目标定位，践行"支撑政府、服务行业"的办院宗旨，充分发挥在信息通信领域研究和支撑服务方面的综合优势，全力做好专项研究和支撑服务，力争早日取得防范打击电信网络诈骗的决定性胜利。

1.6　网络舆情分析

1.6.1　2011—2016 年电信网络诈骗网络舆情整体情况

网民使用搜索引擎的搜索行为反映了网民的关注点，搜索引擎中词条搜索量的高低反映了网民对此关注度的高低。搜索引擎的工作原理是先将所有互联网上它认为有用的页面抓取到它的数据库中，然后对这些页面进行索引，最后使用户提交一个关键词时由系统在它自己的数据库中对这个关键词进行匹配，并将匹配结果以一种顺序展示给搜索者。因此，广大网民可以通过检测百度搜索引擎的特定词条的搜索情况来把握互联网上电信网络诈骗的总体情况。

我们通过百度搜索引擎的百度指数这一功能，对网民搜索"电信网络诈骗"这一关键词进行监测，汇总了 2011—2016 年电信网络诈骗的整体搜索情况，如图 1-2 所示。可以看出，2013 年以前，电信网络诈骗的关注度较低，偶有峰值出现，在 2014 年出现爆发事件（汤唯电信网络诈骗事件），之后持续走高。特别是在 2016 年出现较大的上升，时有波动，在 2016 年 9 月出现又一爆发事件。可以看出，网民对电信网络诈骗的关注度逐渐增高，特别是电信网络诈骗相关事件层出不穷，影响力逐渐增大，引发社会的极大关注和热议。

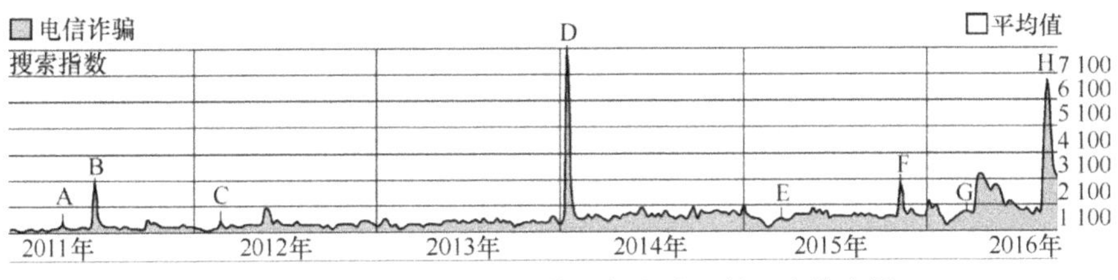

图 1-2　2011—2016 年"电信网络诈骗"的百度搜索情况

1.6.2　2016 年电信网络诈骗网络舆情整体分析

2016 年对电信网络诈骗的整体搜索情况如图 1-3 所示。在 2016 年 8 月之前整体的搜索量较低，波动时有发生，仅在 4 月发生的事件引起一段时间的热议；2016 年 8 月 26 日，公安部发布 A 级通缉令，公开通缉诈骗徐玉玉的三名犯罪嫌疑人陈文辉、熊超和郑贤聪。公安部对发现线索的举报人、协助缉捕有功的单位或个人，每抓获一名犯罪嫌疑人将给予五万元人民币的奖励。从图中的 J 点可以看出，网民的关注点呈现爆发式增长，达到本年度最大值，后期的搜索热度也较高，说明这点发生的事件影响力较大，影响时间较长。

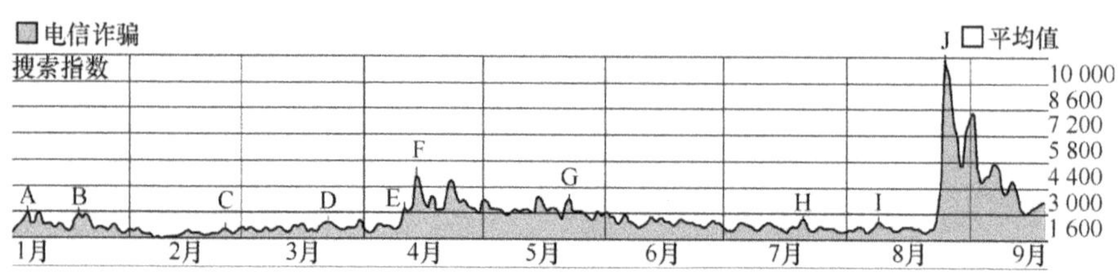

图 1-3　2016 年"电信网络诈骗"的百度搜索情况

1.6.3　网民群体画像

对于关注"电信网络诈骗"的网民，根据百度用户搜索数据，对这一人群的属性进行聚类分析，计算用户所属的年龄、性别以及地域的分布和排名。网民年龄分布如图 1-4 所示，30～39 岁的用户群对电信网络诈骗的关注度最高，占到 48%。男女比例上，男性用户占比 79%，其关注度远高于女性；从地域来看，北京、广东、江苏、浙江及上海分列搜索排名前五位，对电信网络诈骗的关注度较高。

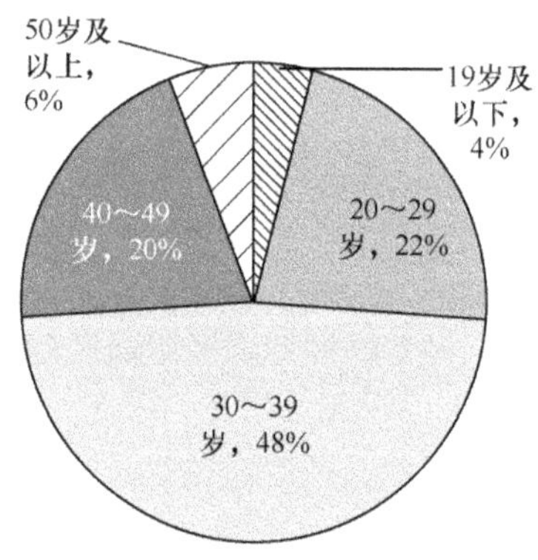

图 1-4　网民年龄分布

另外，针对他们关注电信网络诈骗的具体哪些事件、哪些话题也做了相关分析，通过综合计算"电信网络诈骗"与其他词的相关程度，以及相关词自身的搜索需求大小得出：相关词距圆心的距离表示相关词与中心检索词的相关性强度；相关词自身大小表示相关词自身搜索指数大小，具体如图 1-5 所示。

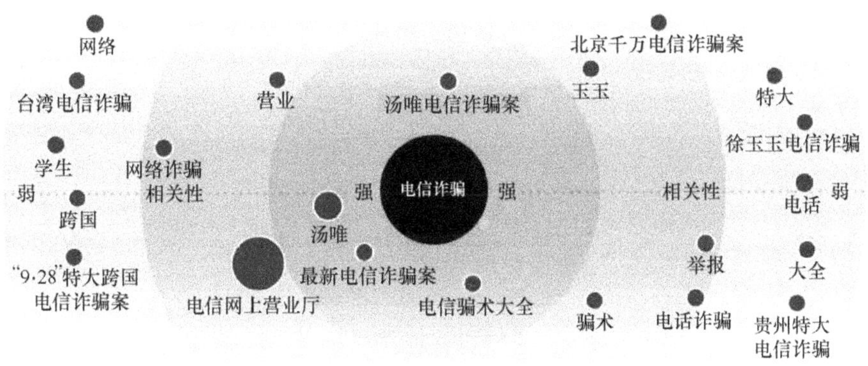

图 1-5　电信网络诈骗相关主题

从相关主题分布上来看，用户群体最为关注的电信网络诈骗事件是"汤唯电信网络诈骗事件"，该事件发生于 2014 年 1 月 11 日，演艺明星汤唯受电信网络诈骗，损失 21 万元，其热度之高在图 1-2 中也有所反映（图 1-2 中的 D 点），这受明星效应的影响较大。另外，网民关注的事件还有"徐玉玉被骗事件"以及"台湾电信网络诈骗案"等。"电信骗术大全""最新电信网络诈骗案"也有较高的相关度，这说明广大网民关注电信网络诈骗方面的信息逐渐增加，也正在有意识地提高自己的防范意识。

1.6.4　2016 年电信网络诈骗热点新闻事件分析

通过上述相关的分析方法，我们对 2016 年在电信网络诈骗方面的热点事件进行了提取。以各大互联网媒体报道的新闻中，与"电信网络诈骗"这一关键词相关的、被百度新闻频道收录的新闻，采用新闻标题包含关键词的统计标准，对新闻进行数量上的统计，同时将新闻文本进行相似度计算、相似新闻合并后，将该集合数量作为该类新闻热度的关注和反映。

据统计，从百度新闻的搜索情况来看，包含"电信网络诈骗"关键词的新闻共 439 000 条。经过计算后，2016 年与"电信网络诈骗"相关的、热度较高的新闻按时间顺序见表 1-1。

表 1-1　　　　　　　　　　　2016 年网络电信网络诈骗新闻事件

序　号	新　　　闻	发生时间
1	河南男子遭遇电信诈骗，银行门口上吊自杀	2016-01-06
2	沪警方摧毁一特大电信网络诈骗团伙抓获涉案人员 171 人	2016-01-19
3	广东警方破获特大跨国电信网络诈骗案	2016-03-23
4	公安部通缉 10 名特大电信网络诈骗犯	2016-04-11
5	45 名我国台湾地区电信网络诈骗嫌犯被遣返大陆	2016-04-14
6	甘肃教师 23 万元购房款遭电信网络诈骗后自杀	2016-05-23
7	柬埔寨逮捕 27 名我国电信网络诈骗嫌犯，或将予以驱逐	2016-06-15
8	40 名电信网络诈骗嫌犯从肯尼亚被押解回国	2016-08-09
9	徐玉玉电信网络诈骗案告破，2 名主犯归案	2016-08-26
10	清华教授电信网络诈骗案反思：1760 万元换来的深重悲哀	2016-09-04

首先，从时间节点上可以看出，基本与图 1-3 中的峰值点相对应，说明了热点事件抓取的精确性。其次，从这些事件可以看出，电信网络诈骗的目前情况有以下几个特点。

第一，电信网络诈骗范围逐渐扩大，从国内延伸至国外。2016 年几例涉及巨大金额的电信网络诈骗案件都是跨国性质的犯罪，从国外远程对国内广大网民实施电信网络诈骗是最常见的诈骗手段，这主要是由于国外对电信网络诈骗的监管审查相对较松，使得大量的犯罪分子隐居国外实行电信网络诈骗犯罪活动。

第二，电信网络诈骗的受害群体不断扩大。在原来的电信网络诈骗中，被害人主要是老年人和低学历等弱势群体。但最近出现的电信网络诈骗案例中，受害者有年轻的大学生、演艺界明星、教师，甚至大学教授，使人防不胜防。这反映了诈骗犯罪分子的犯罪手段在不断提高。

第三，个人信息的泄露是电信网络诈骗的主要成因。各类电信网络诈骗事件大多是从受害人的个人信息入手，个人信息获得的越多，信息就越准确，犯罪的成功率也就越高。以清华教授被骗为例，犯罪分子不但知道其个人基本信息，甚至对被害人售房合同编号也了如指掌，使得受害人不得不放下戒备，最终使犯罪分子的行骗得以成功。

第四，国家的打击力度正逐渐加大。台湾、贵州等重大电信网络诈骗案件的破获，是国家打击电信网络诈骗的具体行动体现。特别是 2015 年 6 月，国务院批准建立了由 23 个部门和单位组成的打击治理电信网络新型违法犯罪工作部际联席会议制度，这说明国家对打击电信网络诈骗给予了高度重视。

1.6.5　"徐玉玉事件"网络舆情分析

2016 年 8 月 21 日，山东临沂的徐玉玉因被诈骗电话骗走上大学的费用 9900 元，伤心欲绝，郁结于心，最终导致心脏骤停，虽经医院全力抢救，但仍不幸离世。徐玉玉事件引发社会高度热议，电信网络诈骗再次成为舆论焦点。

在本次事件分析中主要使用两大信源，一是百度搜索指数，二是新浪微博数据，我们分别从客观新闻角度及主观态度两个角度进行分析。通过新浪提供的公开 API 接口，爬取 2016 年 8 月 24 日至 2016 年 9 月 22 日，以"徐玉玉"为关键词的相关微博及用户发布的文本，从事件演化和事件传播两方面进行了以下分析。

1. 关于事件演化分析

通过百度新闻搜索模块进行事件演化分析，使用关键词"徐玉玉"进行新闻搜索，通过对搜索新闻的标题进行聚类计算，加以新闻发布时间信息，得到事件从产生到消亡过程中的事件走向。经过聚类，"徐玉玉事件"

的事件演化路线大致如图 1-6 所示，图中的背景颜色代表了事件的热度。可以看出，"徐玉玉事件"经历了"事件爆发—嫌疑人落网—民众问责—政府发声—案件彻底告破"五大阶段，其中"嫌疑人落网及民众问责"在本事件中热度最高。

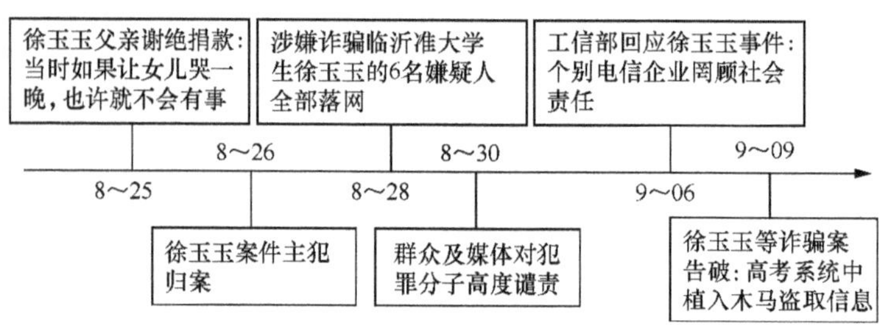

图 1-6　"徐玉玉事件"演化分析

2. 关于事件传播分析

关于事件传播，主要从发现传播重要用户及网民情绪监测两方面进行分析。首先，从信息传播的角度，通过对网民在这一事件上形成的转发和评论网络进行计算，发现在传播过程中起重要作用的用户。其次，通过计算网民之间的交互次数这一指标，发现主要的用户（交互次数多的用户），具体见表 1-2。可以看到，起主要传播作用的用户大部分是新闻机构的官方微博，主要由于其粉丝数量多、影响力较高，因而发布的微博转发量较高，使其成为主要的传播用户。

表 1-2　　　　　　　　　　　主要传播用户头条新闻

序　号	用　　户	序　号	用　　户
1	头条新闻	6	中国警察网
2	央视新闻	7	王志安
3	互联网的一些事	8	未来网
4	人民日报	9	新京报
5	澎湃新闻	10	公安部打四黑除四害

对微博文本进行情绪的计算，得出 2016 年 8 月 24 日至 2016 年 9 月 22 日期间网民的情绪变化走势。我们对近一个月的微博进行分析，将用户情绪分为"积极""消极"和"中性"。从结果上看，中性情绪占据较高比例。在分析时，除去中性情绪，积极和消极情绪如图 1-7 所示。可以看出，在事件的初始阶段，消极情绪占据较高比例，达 21%，然后下降，在 8 月 30 日左右，即嫌疑人落网的时间，又产生一次波动，负面情绪升高。在后期，政府问责及幕后真正原因调查清楚后，民众的负面情绪占比降低，中性情绪达到 90%以上。可以看出，人们持更加客观、冷静的态度面对这一事件，特别是从这一事件折射出的电信网络诈骗违法犯罪的严重性，引起广大民众的反思，导致国家反电信网络诈骗的力度、深度和广度不断地加大。

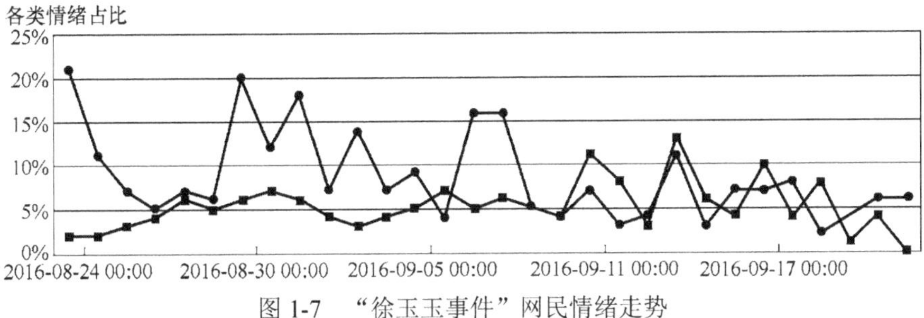

图 1-7　"徐玉玉事件"网民情绪走势

第二章　我国电信网络诈骗犯罪的成因

2.1　转型期中国社会结构失衡

自改革开放以来，我国取得了举世瞩目的经济成就。经济的飞速发展极大地促进了我国社会结构的转型，中国正处于旧有的社会结构向新的社会结构转变的"新常态"期，这种复杂而巨大的变化过程关系到我国社会的方方面面。在这样一个时期，很可能由于社会不同要素间出现的不协调现象，导致一些复杂的社会问题出现。

社会结构是社会存在的主要形式，是许多社会现象发生、发展的基础和环境[76]。很多社会现象与社会结构之间存在着直接或间接的联系，因此如果能够深入认识社会现象和社会结构之间的关系就能够更准确地把握一些社会问题的起因和根源，从而有针对性地对那些不良的社会现象提出合理的预防及治理对策。

社会结构包括很多不同的方面，如经济结构、政治结构、法律结构、

---

[76] 雷洪. 我国社会结构转型中的结构性社会问题[J]. 华中理工大学学报·社会科学版，1998（4）：6-8.

宗教结构、民族结构以及职业结构等[77]。我国自实行改革开放政策以来，就进入了社会转型时期。社会转型，是指从一种稳定的社会结构状态向下一个稳定的社会结构转变的过程，这个转变过程极为复杂，涉及社会的各个方面，比如经济结构、文化结构、道德结构等。社会转型过程中，很有可能由于不同社会要素发展的不平衡，导致众多社会问题的产生。从长远的角度来看，这些问题的出现是任何社会转型时期特有的产物，是一种正常的社会转型期出现的矛盾，但是如果不给予高度的重视和采取有效的治理手段，这些问题很有可能影响整个社会转型过程，从而造成严重的社会危害。

改革开放以来，我国在经济方面取得了十分显著的成就。就社会总体层面来看，我国经济结构转型的速度明显超越了其他方面社会结构转变的速度，比如社会的文化结构、道德模式、法制观念远远落后于我国的经济发展。加之 20 世纪 90 年代以来以计算机和网络为代表的信息技术的飞速发展，更是引入了新的社会发展变量，从某种意义上说这些变量加剧了社会结构发展的不平衡。网络在整个社会层面改变人与人之间的关系结构，其中引入的诸多新变量对社会结构的综合影响还很不明确，因为影响本身的普遍性、深入性，以及长远性，需要对此进行深入的分析与研究。社会结构发展不平衡往往会引发一些问题的产生，比如社会整体道德水平的倒退、腐败现象增加、投机主义的盛行等。这种社会转型时期所遇到的种种问题都会通过一些社会现象折射出来。

电信网络诈骗是诸多社会问题的具体表现之一，正是徐玉玉案使得社会公众对电信网络诈骗的关注点达到了一个高峰，也正是徐玉玉案使得国家对电信网络诈骗案的重视程度达到了前所未有的高度。如今，这些广泛的令人深入反省的电信网络诈骗案已经不能仅仅被理解为一种群体频发

---

[77] 李洪君，杨明月. 我国社会结构转型背景下的社会工作本土化[J]. 党政干部学刊，2014（1）：72-77.

的社会事件，而应该被理解为一种严重危害社会的底层社会状态。这种社会现象反映的是我国社会结构转型期所遇到的众多社会问题中的具有普遍性的社会现象，这一具有普遍性的社会现象迫使我们不得不深入关注转型期社会底层的心理状态和道德水准。

电信网络诈骗这一社会现象，总体上可以认为是社会转型期所遇到的一个极其负面的社会问题，它是特定发展阶段社会变量发展不平衡的一种具体体现，其中涉及的因素主要包括：社会经济结构失衡、良知与道德沦丧、法律治理滞后、网络运营商主体责任缺失等。互联网的虚拟性、隐蔽性等特征使得这些因素之间的矛盾能够在一个新的社会平台中得以迅速展现，互联网作为一个新的社会纽带与载体，它本应展示技术中性，但是因为这一全新领域的出现，让法律体系、道德规范的发展与进步难以追赶互联网的发展，所以在这样一个相对空白阶段，诈骗分子就有了可乘之机。但问题不仅仅在于电信网络诈骗案件本身，而是应该深层次揭示犯罪分子的底层心理和道德良知，因为这样的底层心理将会对社会结构演变的进程有着极为深远的负面效应。

经济结构和社会价值体系的变化与原有的道德模式及法律模式的发展并不均衡，从各种电信网络诈骗案件来看，社会结构转变引发的矛盾已经作用到了人们的底层心理，经济因素被过分放大造成了很多人内心价值体系的失衡，导致价值模式过于单一，只追求"利益至上"的原则，从而不择手段地破坏了原有的心理平衡机制。网络为广大民众提供了交互的平台，在网络上民众原有的地域时空界限被彻底地打破，某些社会变量的传播就变得极为迅速而广泛。经济发展被过分放大，金钱作为价值判断标准的偏执心理凌驾于其他一切因素之上。网络的商业刺激以及普遍的炫富心态影响到了每一个人的心理，在这样的社会洪流之下，在这样的网络信息泛滥环境之中，社会价值体系被某种被刻意强调的变量所占领，从而破坏了原有的文化、道德、法治等价值体系的多元状态，破坏了社会的正常、全面的发展，电信网络诈骗等新型违法犯罪就是转型社会中的一种病态。

在这样的价值模式驱使下，很多人为了达到经济上的目标甚至突破了法律的界限，他们利用网络技术进行集团化的系统化的犯罪活动。甚至在某些地区，这种失德违法行为蔚然成风，已经变成了一种病态的社会风气，体现为一种完全病态的社会价值观念。

社会转型背景下，电信网络诈骗案的频频爆发成为当前最令人深恶痛绝的社会公害。据了解，我国已经形成了庞大复杂的典型诈骗黑色地下产业链，涉及众多的利益主体，形成了一种极为有害的社会破坏力量。徐玉玉一案的侦破使得很多地域性的电信网络诈骗窝点走入了人们的视野，福建龙岩、广西宾阳、湖北孝感、河南驻马店等地出现了严重的价值观扭曲，在金钱作为评价标准的单一价值模式下，很多当地人并不认为通过诈骗赚钱是不正当的，甚至还认为是值得骄傲的事情。这种屡禁不止的违法行为背后隐藏的深层次社会问题，值得全社会深思，它不仅仅是单纯的违法行为那么简单，这些地区的不法分子底层心理的严重扭曲，体现的是金钱这种价值因素的过分极化，它已经严重地无视法律和道德因素的边界，从这一角度来看，它所造成的也不仅仅是诈骗金额所能够反映出来的危害。它代表着社会转型过程中所隐藏的众多深层问题之一，这将在极大程度上妨害着整个社会新道德模式的塑造，从而影响整个社会发展的未来。

近年来，电信网络诈骗案件频发不断，主要反映出了如下的社会问题。

第一，经济的飞速发展，造成了人们内心价值体系的严重失衡，导致金钱主义至上，社会价值模式过于单一。在上述的诈骗窝点中可以看出，电信网络诈骗已经成了一种严重的社会恶习。犯罪分子在金钱的诱惑下内心严重扭曲，丧失了内心的良知，以骗取他人劳动成果作为自己的致富手段。如果让这样的风气扩散开来，将给整个社会树立极坏的榜样，会对整个社会发展造成严重的破坏。

社会的发展与进步不能仅仅强调经济发展这一要素，如果忽视道德、法律、文化等诸多要素的协同发展，则会将社会引向一种病态的发展轨道。比如，过于强调经济的直接效果，而有失对社会经济长远发展结构与潜力的关注。

事实上，目前我国大量的不必要的重复建设，自然资源的过度开采，企业无序的竞争等现象已经严重地制约了社会的发展进程。从目前来看，我国经济发展虽然呈现出了相对繁荣的局面，但是经济模式以及发展的底层动力仍然存在诸多问题。比如我国在以智力资源为标志的企业核心竞争力上与发达国家相比仍存在很大的差距，一些大的企业也无法在教育以及文化等诸多方面发挥出其本身所应该具有的社会角色。这样的现象从一个侧面反映出社会价值模式单一的急功近利的短视效应。另外，这样的繁荣还会对人们的内心造成极大的影响，人们的底层心理被扭曲，道德、法律、文化等因素被压制，如果形成稳定的底层心理结构，那么这样的表面经济繁荣将在未来长远的国家发展中带来巨大的隐患。

2015 年 2 月 28 日，习近平总书记在会见第四届全国文明城市、文明村镇、文明单位和未成年人思想道德建设工作先进代表时指出，要坚持"两手抓、两手都要硬"，以辩证的、全面的、平衡的观点正确处理物质文明和精神文明的关系，把精神文明建设贯穿改革开放和现代化全过程、渗透社会生活的各方面，紧密结合培育和践行社会主义核心价值观，大力倡导共产党人的世界观、人生观、价值观，坚守共产党人的精神家园；大力加强社会公德、职业道德、家庭美德、个人品德建设，营造全社会崇德向善的浓厚氛围。

第二，投机主义盛行。由于社会发展的不均衡，物质文明远远领先于精神文明，社会上普遍存在急功近利的心理，各行各业都出现了投机主义。投机主义代表着一种浮躁的心态，大量资源和人力流向了收效快但缺乏长远战略发展能力的领域，造成了社会资源的大量浪费。这种潮流将在长远角度上破坏整个社会的健康发展，在这种潮流的推动下，很多网络运营企业的恶意竞争现象频频发生，企业经营在 KPI 的导向下，严重忽视企业对社会的主体责任，这在一定程度上促使了电信网络诈骗等不法现象的大量产生。不法分子通过各种非法的渠道和方式获取公民的个人信息，他们对财富趋之若鹜的欲望，早已突破了内心的道德底线，也突破了法律的威慑。2015 年，北京市第二中级人民法院宣判一起非法获取公民个人信息案，包括三大电信公司员工在内的 23 名被告因出售、非法提供、非法获取公民个人信息而被判刑。其中有 7 名被告来自三大电信运营商，据承办此案的北京市人民检察院第二分院的检察官介绍，这个案件涉及多个单位保管的公民个人信息，其中电信公司保管的信息占全部涉案的公民个人信息的 95% 以上。

投机主义本身就是对社会正常发展的一种严重破坏，我国社会结构正处于关键的转型期，如果不遏制这种投机主义的风气，那么它很可能会对未来我国的发展产生极为消极的影响。事实上，我国由于互联网的发展而产生了巨大的人口红利效应，已经引导大量企业只注重商业模式和技术上的创新，而忽视人文精神和道德品质的真正发展与积累。大部分企业只注重用户资源的抢夺，而无暇顾及自身的长远发展所真正需要的技术及人才等动力因素。企业的这种急功近利的投机主义心态并不会真正提升我国企业的总体实力，与此相反的是企业在片面追求利益最大化的同时，导致企业缺乏对社会责任的投入，普遍缺乏诚信，恶意违约、破产逃债、虚假信息披露、侵犯消费者权益等现象屡见不鲜，更有甚者，有些网络运营企业一味追求高额利润，置法律于不顾，非法采集用户的个人信息，甚至出现非法买卖和交易个人信息，这反映出我国企业普遍缺乏社会主体责任意识。

从长远来看，社会的全面发展虽有转型，但无捷径，尤其是社会文化等内在变量的发展更是无捷径可寻，整个社会必须从意识的底层本质上稳步地发展文化、道德等因素才能够真正适应未来社会的发展，否则社会变量之间的不协调将会对社会发展造成不利影响。

第三，部分乡村道德环境恶化，价值观严重扭曲。我国乡村社会道德建设普遍滞后，有些乡村甚至道德环境严重恶化，导致道德底层水准的坍塌比城市来得更快。在道德观严重扭曲环境下的"脱贫致富"，他们以"骗"作为"致富"的手段，不以诈骗为耻，而是以诈骗为荣，以骗不到钱为耻。

根据警方提供的数据，在河北丰宁满族自治县两个乡的七个村，这两个乡共有人口 28 030 人，在摸排电信网络诈骗过程中，排查出 426 人为重点嫌疑人。根据公安部刑侦局统计，冒充"黑社会"诈骗的犯罪嫌疑人这几年几乎全部来自河北丰宁，手法也都是模仿东北口音，冒充"黑社会"老大，此类诈骗电话出现的时间通常集中在上午。按照丰宁当地警方提供的信息，这些冒充"黑社会"电话诈骗的丰宁人主要来自选将营和西官营两个乡的 7 个村，事实上，除了这两个乡的 7 个村人员外，还有紧邻的隆化县的两个乡多个村的村民。在福建龙岩，村里有相当数量的年轻人都从事电信网络诈骗，这些人被称为"淘宝哥"，村民还为这些电信网络诈骗分子提供保护伞，围绕着电信网络诈骗，龙岩已经衍生出了一条黑色电信网络诈骗"服务业"，有人专门搭帐篷，有人给他们准备电脑等作案工具，还有人专门上山给他们通风报信，送吃送喝。

由此可见，仅凭对电信网络诈骗的打击，很难从根本上消除电信网络诈骗的土壤。各级政府应当花大气力，重塑乡村的道德教育，倡导良好的家风、朴实的民风、诚信的人品，不断通过道德宣传教育，大力开展移风易俗、重视回归传统美德、重塑道德信仰。目前，党中央提出"精准扶贫"，要求当前和今后一个时期，扶贫开发工作要进一步解放思想、开拓思路、深化改革、创新机制，使市场在资源配置中起决定性作用和更好地发挥政府作用，更加广泛、更为有效地动员社会力量，构建政府、市场、社会协同推进的大扶贫开发格局。我们认为，在国家倡导大扶贫开发格局的背景下，一定要对乡村村民的"德育扶贫"给予极其高度的重视。

第四，新的技术环境加速了社会转型的速度。以计算机和网络为代表的信息技术极大地重新塑造了人类的交流模式，它作为一个交互平台不仅能够快速方便地传播各种信息，还能传播人类的价值模式，积极和消极的文化都可以通过网络迅速传播，从而加速了整个社会的转型速度。这也在一定程度上加大了经济发展和精神文明建设之间的矛盾。

互联网已经成为了影响社会发展的重要环境因素，因而互联网环境治理对于整个社会来说具有十分重要的作用，因为它能够直接影响人的心灵。良好的互联网环境能够促进社会文明的健康发展，能够让人更平等地享有信息和知识，能够让人获得更多、更平等的学习机会。反过来，恶劣的互联网环境会对整个社会造成极大的危害，比如黄色文化的传播、个人信息的泄露、商业广告的泛滥等都将破坏人类心灵的健康发展，这些均为不法分子提供了犯罪的土壤和环境，电信网络诈骗就是综合利用这些恶劣的信息环境和技术手段实施的违法犯罪行为。

目前，加强我国良性的互联网文化环境建设将具有十分重要的意义。我国的网络文化建设要传承我国优秀的传统文化，要以社会主义核心价值体系为指导，宣传正向的人生观和价值观，传播先进的正能量，倡导人文精神，塑造美好的心灵，弘扬社会正气。通过建设和谐的网络文化，推动我国优秀传统文化和社会主义核心价值体系的建设和传播，引导人们树立正确的世界观、人生观和价值观，培养健康的价值取向、昂扬的精神状态、高尚的道德情操。

我国互联网目前存在的主要问题有：商业氛围过于浓厚，金钱至上主义广泛传播，传统道德形态与环境恶化，社会浮躁盛行，深层主流文化缺失等。国家应该积极引导和监督网络文化的发展，努力维护健康多元的互联网主流文化环境，努力让互联网更好地造福国家和人民，从而真正促进社会健康发展与文明进步。正如习近平总书记所说，网络空间是亿万民众共同的精神家园。网络空间天朗气清、生态良好，符合人民利益；网络空间乌烟瘴气、生态恶化，不符合人民利益。我们要本着对社会负责、对人民负责的态度，依法加强网络空间治理，加强网络内容建设，做强网上正面宣传，培育积极健康、向上向善的网络文化，用社会主义核心价值观和人类优秀文明成果滋养人心、滋养社会，做到正能量充沛、主旋律高昂，为广大网民特别是青少年营造一个风清气正的网络空间。

总之，我国的社会结构转型期正好与网络的发展和普及期出现了重叠，很多社会问题在这样的环境下加速显现。电信网络诈骗案的大规模爆发就是这一现象的集中反映，徐玉玉案引发了全社会对电信网络诈骗深深的反思，这种反思不仅仅涉及简单的法律制度层面，更应该涉及我国整个社会结构、道德重构、社会责任、价值观塑造等多方面因素。在这种敏感的社会转型期，一些新型的社会问题出现不可避免，但这并不等于可以简单地把问题归结于社会转型的特有阶段上。整个社会应该充分警惕，因为在这样变化的阶段，任何一个因素不受控制的发展都有可能产生一种难以预测和控制的蝴蝶效应。相反，整个社会应该保持清醒，及时发现问题，并通过合理、正确的手段进行全面和精准的治理，应该充分注意到社会结构在变化过程中产生的各类新问题，从而使社会整体结构能够健康地过渡到一个新的符合社会发展水平的稳定状态，全面提升和平衡社会整体的物质和精神文明水平。

2.2　网络环境中的个人信息泄露

目前，电信网络诈骗案越来越趋向于精准化，不法分子能够准确及时地掌握受害者的个人信息从而能够控制受害者的心理和行为，并造成受害者的经济损失。新的信息技术给人们的生活和工作带来了很大的便利，但是人们在享受它们的便利时也会产生新的安全问题，个人信息的泄露就是其中之一。电信网络诈骗往往都是从个人信息泄露开始的，而现在的社会及网络环境更容易造成个人信息泄露，个人信息目前存在着严重的安全隐患，所以从多维度、多角度防止个人的信息泄露成了整个社会急需解决的问题。

总体而言，个人信息泄露主要包括两大途径。

途径一：对个人信息的非法收集和利用。近几年来，随着互联网的迅猛发展，我国的信息和物流服务业发展迅速，人类的社会活动在更广的范围内深刻地交织在了一起。部分网络运营商大量地非法收集消费者的信息，对其进行数据挖掘和大规模的商用。甚至有的商家在利益的驱动下对大量消费者信息进行销售并以此牟利。计算机网络更是能够快速地传递以及复制信息，所以互联网环境下用户信息更容易遭到泄露，一些网站会记录消费者的信息、行为，并将此信息据为己有。有的不法分子甚至通过木马、盗号软件等窃取用户信息，并将其兜售给诈骗公司，或直接实施犯罪。

目前，电信网络诈骗犯罪分子获取公民个人信息的方式主要有：一是网络黑客通过技术手段窃取政府或企业存储的公民个人信息；二是通过招聘、婚介、办理会员卡、送礼品等需要填写个人信息的渠道非法获取公民个人信息；三是利用钓鱼网站链接骗取公民个人信息；四是利用伪基站设备发送虚假链接方式窃取公民个人信息；五是网络运营商或其他组织内部的工作人员利用工作便利非法窃取、收集和出售公民个人信息。

途径二：公民无意间泄露的个人信息。相对于上面的情况，用户个人无意间泄露自己的个人信息行为也是导致个人信息安全的一大隐患。新的信息环境需要每个人都具备一定的信息安全意识，然而目前很多用户并未形成良好的保护自己信息安全的习惯，由此给不法分子带来了可乘之机。比如随意丢弃含有个人银行信息的票据、快递信息，以及网络交易密码设置过于简单等。我们在日常生活中办理的各种银行卡、会员卡、打折卡，都要求提供身份信息；平时我们仅仅为了获取商家的一点小礼品，用二维码扫描或下载的各种各样的商家 APP，这些商家一般要求用户进行注册，就是在这样的诱惑下我们不知不觉地泄露了自己的个人信息。由此可见，我们的这些行为无时无刻不向外界泄露着自己的个人信息，这些公民无意间泄露的个人信息是不法分子用来进行电信网络诈骗的主要渠道之一。

个人信息的非法泄露已经成为我国非常严重的社会问题，其中原因有很多，但总体来说包括如下方面。

一是道德缺失，金钱至上观念下引发的失德行为以及违法行为。一些掌握海量用户信息的平台往往在利益的驱动下非法搜集和贩卖用户数据，给电信网络诈骗分子实施犯罪提供了取得公民个人信息的市场环境。

二是个人信息安全相关法制建设不够健全，缺乏及时有效的监管手段。相关的法律建设远远滞后于信息通信技术的发展，所以不法分子能在法律真空地带随意盗取用户信息实施诈骗。另外，电信网络诈骗不法行为实施起来十分迅速且具有极大的隐蔽性，因此需要建立一整套、多部门联动的快速反应的立体监管体制，否则很难从制度和监管层面保护用户的个人信息安全。

三是个人信息安全意识薄弱，忽视个人信息的保护。大多数被电信网络诈骗的受害者普遍对信息安全缺乏常识性的了解。每一个电信网络诈骗案件都向人们提出警示：增强个人信息安全防范意识是避免受电信网络诈骗的最佳手段。实践中，多数人的信息安全保护意识和行为均未形成良好的习惯，这是增加个人信息泄露风险的最大隐患。

2.3　犯罪成本低，防控难度大

首先，犯罪成本低是我国电信网络诈骗犯罪高发的重要原因。从经济成本角度来看，电信网络诈骗的成本低，回报率高。以许大明案件为例，犯罪嫌疑人许大明通过网络智能语音平台自动拨打软件拨打不特定用户实施诈骗，其在网上充值了 10 000 元，但骗取的钱财加起来有四十余万元。一些不法分子只需要购买"伪基站"等设备，就可以使用该设备占用无线电通信频率资源，在极短的时间内发送数千条、数万条违法信息；还有些不法分子通过在网络上建立"通信群组"实施犯罪活动，成本甚至可以忽略不计。

从犯罪成本的角度来看，电信网络诈骗的成本，主要是指实施犯罪行为所需要的开销和伴随犯罪案件发生而直接产生的支出，还包括犯罪行为导致的各种间接、长期的损失和支出，以及为预防犯罪发生所花费的开销以及司法部门抓捕、审讯和关押罪犯所需的费用等。目前电信网络诈骗行为的开销和支出成本很低，而对社会造成的直接、间接损失以及对公民造成的财产损失和精神损失是巨大的，同时公安机关的侦查成本也是巨大的，特别是对于一些小额的电信网络诈骗的量刑轻、惩罚小，这些是我国电信网络诈骗犯罪高发的重要原因。

其次，治安防控难度大成为了电信网络诈骗犯罪高发的另一重要原因。导致电信网络诈骗犯罪发展蔓延的因素主要体现为公安机关的防控和社区的防控不足。

一是公安机关防控难度大，跟不上犯罪节奏。由于电信网络诈骗自身的高智能化、非接触性和手段多变等特点，公安机关传统的巡逻盘查、阵地控制、特请耳目贴靠等防控方式已经很难发挥作用。以青岛市破获的一系列针对韩国人的电信网络诈骗案件为例，以朴某为首的犯罪团伙携带电脑、短信群发器等作案工具从深圳开始作案，途经江苏、安徽等多个省份，一路不断变换落脚点，直到最后在青岛落网。面对这样的作案方式，公安机关传统的治安防控措施无能为力，只能及时向社会公众发布案件预警提示信息，但是，随着犯罪分子对新的信息技术的适用，诈骗方式花样百出，诈骗手段更新速度快，广大群众刚对传统的诈骗方式有了防范意识，新的诈骗手段又接踵而至，公安机关只好不断发布预警提示加强宣传，但还是有人不断上当受骗。这说明社会治安防控在与电信网络诈骗犯罪作斗争的过程中处于被动应付的境地，跟不上技术发展下的电信网络诈骗犯罪的节奏。

二是社区治安防控不足。电信网络诈骗的社区预防主要是通过社区广泛的宣传，提醒社区群众认识电信网络诈骗这种犯罪形式，了解诈骗的特点、方式方法，帮助群众防止上当受骗。它是一种通过提高群众的识别能力而达到预防、减少犯罪得逞的社区预防活动。从公安机关抓获犯罪嫌疑人的籍贯分布来看，由南到北涉及多个省份，人员涉及面广，有专业从事电信网络诈骗犯罪的高危地区，例如，福建省有一个村几乎全村人都以电信网络诈骗为生，多数无业人员借诈骗糊口；也有打工的低收入人群好逸恶劳想通过电信网络诈骗实现发财梦。因此，日常的社区治安防控很难对如此广泛的人群开展有的放矢的防控，经常会出现对电信网络诈骗犯罪防不胜防的局面。

当前我国仍处于城市化进程的初级阶段，社会处于变革和转型期，社区建设和社区文化建设仍较为落后，这也给社区治安防控的开展带来了较大的阻力。"未雨绸缪，防患于未然"是解决和控制问题的最好方案，但当前对电信网络诈骗而言，我国的治安预防和控制措施较为落后，这也是电信网络诈骗案件发案率高的原因之一。

2.4　相关单位主体责任有待加强

相关单位主体责任强化是当前治理和打击电信网络诈骗犯罪的重要因素，因此应当强化网络运营商的主体责任和银行业的主体责任。前者的主体责任缺位将给犯罪分子提供合适的作案条件，而后者的主体责任缺位将导致犯罪发生后，公安机关获取证据和侦破案件困难重重。

1. 网络运营商主体责任亟须加强

目前，一些商业网站盲目追求经济利益，存在严重损害广大网民的人身及其他权利利益的现象；大多网络服务用户协议或存在泄露个人数据的情况，很多服务条款和隐私协议都存在着授权企业超范围采集个人信息的情况。一些互联网运营商的主体责任不能到位，追其主要原因是由于追求经济利益所致。

网络非法获取公民个人信息日益猖獗，涉及身份信息、电话号码、家庭地址，并扩展到网络账号和密码、银行账号和密码、购物记录、出行记录，且形成了"源头—中间商—非法使用人员"的黑色产业链。机关单位、服务机构以及个体企业相关人员参与的泄露公民信息的活动更加隐蔽，而通过技术手段实施攻击、撞库或利用钓鱼网站、木马、免费 Wi-Fi、恶意 APP 等技术手段窃取公民个人信息成为重要的方式。以垃圾短信业务为例，根据中国互联网协会的《中国网民权益保护调查报告 2016》，近一年的时间，国内 6.88 亿户网民因垃圾短信、诈骗信息、个人信息泄露等造成的经济损失估算达 915 亿元。

长期以来，法律并没有赋予电信运营商对短信业务实施监管的责任，因此电信运营商在开展业务的过程中，大都把注意力放在了如何巩固阵地、抢占更多的市场上，如果其主动而为，一是需要合法的授权，二是需要高额的监管成本。直到 2015 年 6 月 30 日，工业和信息化部出台了《通信短信息服务管理规定》（以下简称《短信管理规定》），短信息服务市场得到了一定程度的规范，垃圾短信的治理也取得了一定的成效。《短信管理规定》尤其对商业性短信息提出了明确的监管措置：短信息服务提供者、短信息内容提供者未经用户同意或者请求，不得向其发送商业性短信息。用户同意后又明确表示拒绝接收商业性短信息的，应当停止向其发送。

短信息服务提供者、短信息内容提供者请求用户同意接收商业性短信息的，应当说明拟发送商业性短信息的类型、频次和期限等信息。用户未回复的，视为不同意接收。用户明确拒绝或者未回复的，不得再次向其发送内容相同或者相似的短信息。基础电信业务经营者对通过其电信网发送端口类商业性短信息的，应当保证有关用户已经同意或者请求接收有关短信息。

12321 的举报数据显示，2016 年基础运营商点对点垃圾短信的举报量减少了 25%，垃圾短信泛滥的势头有所遏制。目前垃圾短信的治理难点主要是伪基站和虚拟运营商。

纵观通信信息运营商的监管责任，应当在以下两个方面予以强化。

一是通信产品的监管有待加强。电信网络诈骗犯罪很大程度上依赖于通信信息产品和服务的支持，诸如网站注册、手机卡购买、短信群发器等。长期以来，通信工具和网站域名的注册在很大程度上存在监管漏洞，购买手机卡或者注册网络域名根本不需要提供实名登记或者对申请者提供的身份信息审核不严，从而沦为无审核的实名登记，部分不法分子甚至批量销售群发短信卡、无记名卡，谋取不法利润。2009 年 5 月，浙江省丽水龙泉市公安机关在街面巡查时，查获 2 名湖南双峰县籍男子，当场收缴无记名手机卡 3 万多张。据犯罪嫌疑人交代，这些手机卡均是从各地街面店铺批量购买，准备用于群发诈骗短信犯罪的。有意图实施电信网络诈骗的犯罪分子可以随处购买到该类电话卡，用于发送诈骗短信、拨打诈骗电话，用后随即销毁，接着再购买和使用新卡。通信企业开发使用的一号通、"400" 等智能电话，具有呼叫、接听转移、捆绑多个电话及隐藏主叫号码等功能，购买人不需出具证件，就可到通信企业或网上购买。当然，对于通信信息产品实名制的建立，需要举全社会之力，仅靠运营商来实现监管确实存在难度。

对电信网络诈骗犯罪分子常用的网络电话、短信群发器等工具的监管力度也非常薄弱。在百度搜索中输入短信群发器进行搜索，用时 0.007 秒就能搜索到相关网页多达 738 000 篇，当然，其中不能排除已经接受备案或者监管部门能够随时监管的单位，但总的来说这毕竟是少数。由此也可以看出当前通信产品监管缺位的严重性。

二是通信服务监管尚须加强。部分提供通信信息的运营企业存在多种违规经营的现象，诸如各种网络电话资源在营销过程中失去监督和管理，而犯罪嫌疑人可以轻松地借助网络电话技术，通过自动拨号服务随意拨打电话，应用任意显号装置冒充银行、电信甚至国家机关的电话。如浙江宁波市公安机关侦办的一起电信网络诈骗案件中，不法分子从国外及台湾地区拨打网络电话，改号显示为北京、江苏、上海、福建、广东等地公检法机关电话号码，利用这些模拟号码对 29 个省、自治区、直辖市的群众进行诈骗。专案组仅对涉及浙江、北京和福建 3 地的案件进行初查，就核实到 200 多人上当受骗，涉案金额高达 1331 万元。但在实际运营过程中，运营商对犯罪分子的这种行为采取了放任的态度，甚至某些地方的运营商对大规模发送诈骗短信或连位拨号、出现流量异常等情况视而不见，放任不法分子群呼群叫、群发短信的行为。在一起电信网络诈骗案件中，常常涉及全国各地的多个不法运营商和多家公司参与提供的电信网络诈骗线路和平台服务，这种监管的缺位无疑给电信网络诈骗提供了有利的作案条件。

2015 年，我国首例电话诈骗受害人状告电信运营商侵权案在深圳宣判，原告深圳张女士遭电话诈骗损失近 45 万元，以电信运营商负有不可推卸的责任为由将深圳移动告上法庭。法庭判决被告对原告的损失承担 20% 的责任，赔偿 8.8 万元。法院认为，本案争议的焦点问题是被告（电信运营商）是否应对原告的损失承担赔偿责任。按照法院的观点，被告存在三种过错：一是应告知用户自身不能识别主叫号码的真伪；二是不能识别存在隐患也未向用户告知和提示；三是日益严重的电信诈骗现状要求电信运营商承担更高的社会责任和义务。对于类似的案例，电信运营商应当引以为戒。

2. 金融机构主体责任亟须强化

首先，银行卡实名制的监管缺位。以银行卡为例，长期以来我国对银行卡实名开户、储蓄监管的缺位是电信网络诈骗获得成功的助力因素。在银行的交易过程中只认密码而忽视个人签字，用假身份证办理开户或者存款等银行业务管理较为松弛，实名储蓄对一些别有用心的人来说形同虚设。业内人士指出，证件真伪难辨是储蓄实名制难以落到实处的首要原因。相当长的一段时期，由于技术的因素银行很难对用户的真实身份信息进行核查，但这当然不能成为银行监管缺失的理由。根据公安部门的相关统计数据，在公安机关打击电信网络诈骗犯罪的过程中，共收缴涉案银行卡两万余张，涉及各大商业银行，这些银行卡基本上都是以虚假身份信息开户设立的。很多犯罪分子从农民工、学生手中购买身份信息办理相关业务，甚至出现了网上购买、代理的产业，有许多专业的非法办卡组织，这为电信网络诈骗犯罪的发生埋下了深深的隐患。银行的事后实名救济形同虚设，当前银行存在快速冻结、紧急止付等业务，但对这些业务的应用要求手续和程序较为繁杂，不能为目前打击电信网络诈骗犯罪提供快速、便捷的紧急止付服务。

其次，银行转账业务的缺位。网上银行是一个新兴的银行服务，但其存在较大的安全漏洞和监管漏洞。犯罪分子可以通过网上银行进行无金额限制、无次数限制的银行转账和资金分流，将诈骗所得的赃款轻易地转走，从而保证取款人员能够在最短的时间内提取现金和转移赃款。

再次，银行查询制度严重滞后。当前，银行的呼叫中心面临业务量急剧增长，因此商业银行的客户服务主要采用IVR（自动语音应答系统），致使接通率非常低，加上客服代表服务意识不足、业务操作不熟练、IVR分流作用不明显，导致消费者的满意度逐年下降，其中最主要的是接通率低和人员服务不到位。电信网络诈骗犯罪的科技化和智能化导致其涉及账户较多、区域广泛，有些诈骗犯罪涉及上百个账户和数十个地区，而现有的低效率的银行客户服务和查询体系，不但不能很快地接转到人工服务，而且即使接转到人工服务，还要求查询人提供开户原件手续到开户行查询，这样的查询和服务方式消耗了被骗人救济的时间，也大大地制约了公安机关侦破案件的时间和精力。以南京沈某被骗一案为例，其 100 万元现金在一小时之内被转移到 33 个不同的账户，而这些账户的开户地址散落在各省市，侦查人员为获取相关开户和转账信息，用了 15 天的时间。由此可见，这一服务的滞后无疑为司法机关的查证工作设置了障碍。我们建议，所有的商业银行必须设置专门的防范电信诈骗人工专用呼叫席位，在第一时间处置因电信网络诈骗的被害人的救济请求，保护广大人民群众的财产在最短时间内得到救济和恢复。

保证网上银行的交易安全是商业银行的重要主体责任之一，当群众遭遇电信网络诈骗后，被骗的资金通过银行才能转账，因此银行有义务进行识别、审查、判断并加以应对和救济，尽最大义务和责任阻止受害人的款被不法分子转出去。

2016 年，北京帕特机电有限公司遭遇电信网络诈骗并通过对公账户进行汇款，在骗子的账户并非实名制的情况下，汇款却顺利完成了。公司认为银行没有尽到审查义务，将其诉至法院，北京朝阳法院一审判决银行承担 50% 的责任，银行不服提起上诉。根据一审法院认定的事实，北京帕特机电有限公司遭遇了电信网络诈骗，根据骗子的指示，使用公司的账户通过网上银行进行了 68 万元的转账。该公司发现被骗后立刻报案，但仅追回了 3 万元损失。北京帕特机电有限公司发现，虽然对方的账户姓名叫"蔡建成"，但每个汉字之间都被一个空格隔开，并非是紧挨在一起的三个汉字，显然并非实名制账户。

北京帕特机电有限公司起诉称，在银行开户时，机电公司的账户为对公账户。对公账户通常只能进行对公汇款，只有在《中国人民银行账户管理办法》规定的 10 种情形下，提供相应材料才可以进行对私汇款。但对方的账户显然并非对公账户，且账户名存在明显异常。机电公司认为，其被骗与银行交易系统存在的安全隐患有关，而且银行并未采取紧急措施、疏于管理，导致公司遭受损失，故将银行起诉至法院。

北京朝阳法院一审判决银行承担 50%的赔偿责任，该银行不服一审判决提起上诉。该银行认为，北京帕特机电有限公司被骗是由于自身有重大过错，在明知不存在真实交易的情况下，错误地使用对公账户选择网银对私汇款导致被骗。转账的审查义务应该在资金转入行，因此认为一审判决认定事实有误。

北京市三中院审理认为，网上银行具有高技术性、无纸化等特点，银行应提供完善的资金安全保障系统。对方账户名称含有空格字符，明显不符合对公账户名称，而北京帕特机电有限公司在并未开通对私转账业务的情况下却成功汇款，说明银行系统确实存在漏洞并被嫌疑人利用，银行没有保障交易安全，应当承担相应的责任。最终，北京市三中院驳回银行一方的上诉，维持一审判决[78]。

总之，电信运营商和金融业的主体监管责任缺位为电信网络诈骗犯罪分子提供了足够的作案机会和获得诈骗所需的时间，也给电信网络诈骗犯罪分子作案留下了作案空间，导致公安机关很难迅速开展侦查取证工作。为此，对行业监管主体责任落实不到位，应当追究相关部门负责人和行业主管部门的责任。

2016 年 9 月 23 日，国务委员、公安部部长郭声琨在国务院打击治理电信网络新型违法犯罪工作部际联席会议第三次会议暨深入推进专项行动电视电话会上强调，要强化侦查打击，推进反诈骗中心建设。要最大限度地追赃挽损，努力降低和尽量挽回被害群众的财产损失。郭声琨

---

[78] 公司遭诈骗银行被判担一半责[EB/OL].[2016-10-28]，载京华时报网，http://epaper.jinghua.cn/html/2016-10-28/ content_342367.htm.

强调，凡因行业监管责任不落实，导致相关企业单位未有效履职尽责的，要对行业主管部门进行问责。凡因防范、整治、打击措施不落实，导致电信网络诈骗犯罪问题严重的地区，要实行综合治理"一票否决"，追究党政相关负责人的责任。

2016 年 10 月 17 日，公安部副部长李伟在全国公安机关打击电信网络诈骗犯罪电视电话会议上强调，要深刻认识当前电信网络新型违法犯罪形势的严峻性、复杂性，统筹国内、国际两个大局和网上、网下两条战线，攻克难题补齐短板，创新防范打击方式，坚决将电信网络诈骗犯罪高发势头打下去。李伟强调，凡是发生电信网络诈骗案件的，要倒查电信企业、银行、支付机构等企业单位的责任落实情况；凡是因行业监管责任不落实，导致相关企业单位未有效履职尽责的，要对行业主管部门问责。

2.5　群众的防范意识普遍薄弱

电信网络诈骗是非接触式的新型犯罪，防范电信网络诈骗的关键之处在于提高广大群众的防范意识，一方面，应当强化全体公民防范电信网络诈骗的心理素质；另一方面，各级政府和主体责任企业要加大防范电信网络诈骗的宣传力度。

从被害人心理角度来看，被害人普遍存在这三种心理弱点。

一是被害人贪图小利。贪婪是犯罪分子实施电信网络诈骗的基本动因，但同时，贪图小利也是被害人遭受诈骗的主要原因。纵观各类电信网络诈骗犯罪，贪图小利的内心动机是推动电信网络诈骗能够取得成功的外部条件。从近期发生的社保卡、购买廉价商品案件分析，受害人屡屡中招主要源于一个"贪"字，喜欢贪图小利赚小便宜，看到有利可图就放松了警惕，正是这样的心理因素，促使了电信网络诈骗环境的形成。

二是被害人警惕性差。不论何种形式的电信网络诈骗，能够取得成功的关键在于被害人对诈骗犯罪分子所主张的诈骗模式和内容深信不疑，警惕性差，丝毫没有防范心理。由于被害人的警惕性缺失，理所当然地信任了犯罪嫌疑人冒充的银行、电信甚至国家工作人员或亲友等信息，这些都是由于受害人缺乏警惕性造成的。公安机关在受理电信网络诈骗报案时询问被害人，他们都表示后悔万分，怪自己警惕性太差，一时疏忽而上当受骗。

三是被害人常识性差。电信网络诈骗犯罪大多是利用被害人法律意识淡薄、常识性差等弱点有针对性地实施诈骗。很多信用卡、网络账户消费者对基本的信息安全使用常识缺乏足够的认识，特别是近期"400"电话诈骗盛行，犯罪嫌疑人通过网络经销商违规办理"400"电话，然后打着电信、公检法等部门的幌子进行诈骗。由于"400"电话长期以来以门槛高、可信度强的特点，很容易在公众心中贴上官方的标签，犯罪人就利用这个误区假借官方身份，利用个别人常识性差的弱点，编造各种谎言给被害人造成短暂的心理恐慌，从而进行诈骗。被害人识别能力低，缺乏基本的常识为犯罪分子实施电信网络诈骗行为提供了较好的作案条件，也正是这些因素的存在，导致越来越多的人遭受电信网络诈骗。

从宣传效果角度来看，目前相关单位不注意研究反电信网络诈骗的宣传方式和宣传效果，不讲究宣传的针对性，一般来说悬挂横幅、张贴以及派发宣传单，宣传效果不明显。有的部门只是利用短信群发功能，群发防诈骗以及一些新型诈骗手段的短信，并没有及时安排社区居委会工作人员或警务区民警直接到小区或居民家中进行集中式的宣传和案例宣讲，宣传的准确率和针对性有待提高。我们建议，中央和地方电视台的法治频道应当开设专门的"防电信网络诈骗"专题栏目，通过短剧、案例解析、公安警示等方式普及防范电信网络诈骗的基本常识。

在科技现代化环境下，网络一体化监管和跨地区协作不到位，也是助长电信网络诈骗的原因之一。电信网络诈骗的最大特点是利用网络科技，冒充虚假身份，全面撒网，频繁向外拨号"钓鱼"。对此，电信、网络监管部门没能及时发现异常，使电信网络诈骗有机可乘。同时，跨区域团伙作案下，司法协作机制匮乏。例如，2013 年以来我国各地受理诈骗团伙案多为"涉台"诈骗，由于司法协作机制繁琐，要履行层级报批，先是公安部审批，然后经外交部到"海协会"，转给"海基会"，再层级传递到台湾基层司法机构，调查取证后按原流程反馈，协作时间太长，严重滞后于诉讼期间，且参与者大都是不参与办案的上级部门或单位领导，证据上容易出现瑕疵且难以补正。如言辞证据意思表示不达、书证没有注明出处、没有取证人签名、没有盖章等；沟通渠道不畅通，当事人的权利义务不能及时告知等。此外，"涉台"诈骗团伙犯罪的部分成员在我国台湾地区，由于司法协作机制繁琐，容易贻误战机，不能形成打击合力，很难将诈骗团伙一网打尽。

在改革的不断深化下，预防电信网络诈骗的法治宣传仍不到位。随着改革开放的不断深入，拜金主义思潮涌流，不法分子不择手段实施诈骗，并渗透到社会各个角落，群众被诈骗的危险性不断加大。而目前预防诈骗的法治宣传活动仍不深入、不切实际，宣传方式停留在学界的理论探讨，结合实际案例宣传较少，深层次、全方位的法治普及教育较少，导致法治宣传如过目烟云，看得快忘得也快，没能让群众真正领悟电信网络诈骗的本质特性，因此很难构筑广大群众预防电信网络诈骗的心理防线。

从现实情况来看，尽管相关部门在防范工作上做了大量工作，如利用媒体宣传、利用金融机构宣传、组织统一宣传，一度取得了很好的效果。但是，犯罪分子手法多变，客观上我们的防范宣传赶不上犯罪手法的快速变化，更重要的是没有调动各方共同参与防范宣传。在电信诈骗泛滥成灾的大环境中，除了每一个公民应不断增强识骗、防骗的能力外，最重要的就是警、银、企应当携手筑起防范、监督、打击电信网络诈骗的"长城"，尤其是要携手用各种方式向社会广泛宣传预防电信网络诈骗的常识，让电信网络诈骗如过街老鼠般人人喊打、无处遁形。

目前，各地都在以多种的方式开展防范电信网络诈骗的宣传活动，比如电信网络诈骗的重灾区广西宾阳县，有1.3万条横幅和宣传标语张贴在全县的各个角落；包括248名涉嫌电信网络诈骗犯罪在逃人员信息的扑克牌，免费向社会公众发放。截至目前，已有166名在逃人员落网。在江苏，省网信办利用省属重点网站、微信公众平台推送防范宣传报道2000余篇；省司法厅组织全省司法机关依托普法阵地，开展典型案例巡展、"以案释法"宣讲等系列防范宣传活动。在广东省茂名市电白区，82个民间反诈骗同盟会成为防范宣传的有力后盾，325国道上15千米的反诈骗宣传长廊铺开了一条反诈骗宣传路。

第三章　打击电信网络诈骗的法律保障及存在的问题

　　近年来，随着电信网络诈骗犯罪活动愈演愈烈，公安机关对此类违法犯罪的打击治理力度也在不断加大，成绩有目共睹。据人民公安报报道，2016 年 1 月至 8 月，全国共破获电信网络诈骗案件 7.1 万起，同比上升 2.4 倍；查处违法犯罪人员 3.8 万名，同比上升 2.5 倍；收缴赃款赃物折合人民币 16.5 亿元，为群众避免损失 36.4 亿元。全国打击治理电信网络新型违法犯罪专项行动已经取得阶段性成效 [79]。2016 年，全国检察机关共批准逮捕电信网络诈骗犯罪 19 345 人，与公安部联合挂牌督办"山东徐玉玉被诈骗案"等 62 起重大典型案件，联合督导 7 个重点地区打击治理。特别是 2016 年 9 月 23 日，最高人民法院、最高人民检察院、公安部、工业和信息化部、中国人民银行、中国银行业监督管理委员会联合发布《防范和打击电信网络诈骗犯罪的通告》以来，举国上下吹响了摧毁电信网络诈骗顽固堡垒的冲锋号，标志着反电信网络诈骗的行动进入了一个全面进攻、深化治理的新阶段。然而，我们也应清醒地看到，虽然打击治理工作已取得了一定的成效，但形势仍然严峻，依法打击与治理双重的任务依然任重道远，尤其是要夯实法律保障制度。

---

[79] 最高法 最高检 公安部 工信部 人民银行 银监会六部门发布防范打击电信网络诈骗犯罪通告 [EB/OL].[2016-09-23].http://www.mps.gov.cn/n2253534/n2253535/n2253537/c5499835/content.html.

3.1　相关法律规定与适用

目前，我国与电信网络诈骗行为相关的主要法律规定包括《刑法》《刑法修正案（九）》《最高人民法院、最高人民检察院关于办理诈骗刑事案件具体应用法律若干问题的解释》《最高人民法院、最高人民检察院关于办理危害计算机信息系统安全刑事案件应用法律若干问题的解释》《最高人民法院、最高人民检察院、公安部、国家安全部关于依法办理非法生产销售使用"伪基站"设备案件的意见》《中华人民共和国网络安全法》《中华人民共和国民法总则》《治安管理处罚法》《侵权责任法》《民法通则》《消费者权益保护法》《中华人民共和国电信条例》《全国人民代表大会常务委员会关于加强网络信息保护的决定》《电话用户真实身份信息登记规定》《中华人民共和国商业银行法》《中华人民共和国反洗钱法》《个人存款账户实名制规定（国务院令第 285 号）》《人民币银行结算账户管理办法（中国人民银行令〔2003〕第 5 号发布）》《金融机构客户身份识别和客户身份资料及交易记录保存管理办法》《中华人民共和国反恐怖主义法》等。

最高人民法院、最高人民检察院于 2004 年、2010 年先后出台了《关于办理利用互联网、移动通信终端、声讯台制作、复制、出版、贩卖、传播淫秽电子信息刑事案件具体应用法律若干问题的解释》和解释（二），2011 年又出台了《关于办理危害计算机信息系统安全刑事案件应用法律若干问题的解释》等一系列惩治网络犯罪的司法解释。2014 年最高人民法院、最高人民检察院、公安部联合制定了《关于办理网络犯罪案件适用刑事诉讼程序若干问题的意见》，一揽子解决了我国网络犯罪的管辖问题[80]。2008年中国人民银行发布《中国人民银行关于进一步落实个人人民币银行存款

---

[80] 唐亚南，胡云腾. 我国高度重视用法律手段惩治网络犯罪[N]. 人民法院报第一版，2016-06-20.

账户实名制的通知（银发〔2008〕191号）》。2016年9月20日，银监会、公安部发布《电信网络新型违法犯罪案件冻结资金返还若干规定》，要求对已查明的冻结资金，要按照依法溯源的原则，及时返还人民群众，减少损失，公安机关不得以权谋私，收取任何费用。在六部门联合通告发布之后，中国人民银行接续发布《关于加强支付结算管理防范电信网络新型违法犯罪有关事项的通知》，旨在有效防范电信网络新型违法犯罪，切实保护人民的群众财产安全和合法权益。

2016年10月，最高人民法院、最高人民检察院、公安部、工业和信息化部、中国人民银行、中国银行业监督管理委员会联合发布了《关于防范和打击电信网络诈骗犯罪的通告》（以下简称《六部门通告》），提出了一系列源头防范的举措和打击目标。《六部门通告》指出，电信网络诈骗犯罪是严重影响人民群众合法权益、破坏社会和谐稳定的社会公害，必须坚决依法严惩。凡是实施电信网络诈骗犯罪的人员，必须立即停止一切违法犯罪活动。

《六部门通告》对三类机构提出了明确要求。一是对司法机关的要求：公安机关要主动出击，将电信网络诈骗案件依法立为刑事案件，集中侦破一批案件、打掉一批犯罪团伙、整治一批重点地区，坚决拔掉一批地域性职业电信网络诈骗犯罪"钉子"。对电信网络诈骗案件，公安机关、人民检察院、人民法院要依法快侦、快捕、快诉、快审、快判，坚决遏制电信网络诈骗犯罪的发展蔓延势头。二是对电信企业的要求：电信企业（含移动转售企业，下同）要严格落实电话用户真实身份信息登记制度，确保到2016年10月底前全部电话实名率达到96%，年底前达到100%。未实名登记的单位和个人，应按要求对所持有的电话进行实名登记，在规定时间内未完成真实身份信息登记的，一律予以停机。电信企业在为新入网用户办理真实身份信息登记手续时，要通过采取二代身份证识别设备、联网核验等措施验证用户的身份信息，并现场拍摄和留存用户照片。同时要求清理规范一号通、商务总机、"400"等电话业务，对违规经营的网络电话业务一律依法予以取缔等。三是对银行金融机构的要求：各商业银行要抓紧完成借记卡存量清理工作，严格落实"同一客户在同一商业银行开立借记卡原则上不得超过 4 张"等规定。任何单位和个人不得出租、出借、出售银行账户（卡）和支付账户，构成犯罪的，依法追究刑事责任。自 2016 年 12 月 1 日起，同一个人在同一家银行业金融机构只能开立一个 I 类银行账户，在同一家非银行支付机构只能开立一个III类支付账户等。

2016 年 11 月 7 日，十二届全国人大常委会第二十四次会议以 154 票赞成、1 票弃权，表决通过了《中华人民共和国网络安全法》（以下简称《网络安全法》）。《网络安全法》是我国网络安全领域的基础性法律，共有七章七十九条，内容十分丰富，奠定了中国网络安全保护和网络空间治理的基本框架，是引导我国网信事业沿着健康安全轨道运行的导航，具有里程碑意义。针对当前电信网络诈骗特别是新型网络违法犯罪的多发态势，《网络安全法》亦增加了惩治网络诈骗等新型网络违法犯罪活动的规定，即任何个人和组织不得设立用于实施诈骗，传授犯罪方法，制作或者销售违禁物品、管制物品等违法犯罪活动的网站、通信群组，不得利用网络发布与实施诈骗，制作或者销售违禁物品、管制物品以及其他违法犯罪活动有关的信息，并增加规定相应的法律责任。这对于保护公民网络空间的合法权益，维护网络空间的安宁显得十分必要和紧迫，充分体现了我国网络安全立法"以民为本、立法为民"的核心理念。

与此同时，《网络安全法》第四章（网络信息安全）在全国人大常委会《关于加强网络信息保护的决定》的基础上用较大的篇幅专章规定了公民个人信息保护的基本法律制度。其中有四大亮点引人瞩目：一是网络运营者收集、使用个人信息必须符合合法、正当、必要的原则；二是网络运营商收集、使用公民个人信息的目的明确原则和知情同意原则；三是公民个人信息的删除权和更正权制度，即个人发现网络运营者违反法律、行政法规的规定或者双方的约定收集、使用其个人信息的，有权要求网络运营者删除其个人信息，发现网络运营者收集、存储的其个人信息有错误的，有权要求网络运营者予以更正，网络运营者应当采取措施予以删除或者更正；四是网络安全监督管理机构及其工作人员对公民个人信息、隐私和商业秘密的保密制度等[81]。这些规定有助于遏制新型网络犯罪高发态势，可以有效切断不法分子利用个人信息实施电信网络诈骗犯罪的作案链条。

针对公民的个人信息保护问题，2017 年 3 月 15 日第十二届全国人民代表大会第五次会议通过的《中华人民共和国民法总则》明确了"自然人的个人信息受法律保护。任何组织和个人需要获取他人个人信息的，应当依法取得并确保信息安全，不得非法收集、使用、加工、传输他人个人信息，不得非法买卖、提供或者公开他人个人信息"，以上规定对于保护公民的人格尊严、使公民免受非法侵扰、维护正常的社会秩序具有重要的现实意义。

2016 年 12 月 19 日，最高人民法院、最高人民检察院、公安部联合发布《关于办理电信网络诈骗等刑事案件适用法律若干问题的意见》，进一步为电信网络诈骗犯罪明确了法律标准，统一了执法尺度，要求依法严惩电信网络诈骗犯罪、全面惩处关联犯罪、准确认定共同犯罪与主观故意、依法确定案件管辖并对证据的收集和审查判断以及涉案财物的处理做出了详细的规定，同时明确对电信网络诈骗案件的被告人要严格控制适用缓刑范围，严格掌握适用缓刑条件。这是我国首次颁布针对电信网络诈骗的专门司法解释，对打击电信网络诈骗犯罪意义深远。

在《网络安全法》及"两高一部司法解释"颁布之前，《刑法》第二百六十六条诈骗罪，第一百二十四条破坏广播电视设施、公用电信设施罪，第二百六十五条提供侵入、非法控制计算机信息系统程序、工具罪，第二

81　王春晖.新华网，专家解读《网络安全法》 具有六大突出亮点[EB/OL].[2016-11-08]
http://news.xinhuanet.com/info/2016-11-08/c_135813341.htm.

百八十六条破坏计算机信息系统罪等对电信网络诈骗活动中涉及的相关犯罪进行了基础性的规定。在电信网络诈骗犯罪中，不法分子为迅速获得赃款往往通过多个银行账户以储蓄卡、信用卡等形式迅速将受害人转账或汇款来的款项划分或提现。通过银行卡获得赃款是电信网络诈骗犯罪的重要环节，防范信用卡犯罪因此也成为有效打击电信网络诈骗犯罪的关键一环。对此，《刑法》第一百七十七条规定，非法持有他人信用卡，数量较大，出售、购买、为他人提供伪造的信用卡或者以虚假的身份证明骗领信用卡的，以妨害信用卡管理罪论处。而最高人民法院、最高人民检察院《关于办理妨害信用卡管理刑事案件具体应用法律若干问题的解释》中明确规定：非法持有他人信用卡 5 张以上不满 50 张的，应当认定为《刑法》第一百七十七条规定的"数量较大"。

2016 年最高人民法院、最高人民检察院、公安部《关于办理电信网络诈骗等刑事案件适用法律若干问题的意见》颁布之后，凡是明知电信网络诈骗犯罪所得及其产生的收益，通过使用销售点终端机具（POS 机）刷卡套现等非法途径，协助转换或者转移财物的；多次使用或者使用多个非本人身份证明开设的信用卡、资金支付结算账户或者多次采用遮蔽摄像头、伪装等异常手段，帮助他人转账、套现、取现的；为他人提供非本人身份证明开设的信用卡、资金支付结算账户后，又帮助他人转账、套现、取现的，除有证据证明确实不知道的，如事前有通谋的，均将以共同犯罪论处。

如果电信网络诈骗犯罪嫌疑人尚未到案或案件尚未依法裁判，但现有证据足以证明该犯罪行为确实存在的，不影响掩饰、隐瞒犯罪所得、犯罪所得收益罪的认定。且这些行为同时构成其他犯罪的，依照处罚较重的规定定罪处罚。这将有效遏制为实施电信网络诈骗犯罪而进行的非法信用卡交易活动。另外，如诈骗犯罪分子通过地下钱庄将赃款汇往国外，则地下钱庄的汇款行为，就可能涉及《刑法》中的洗钱罪、非法经营罪等[82]。

《刑法修正案（九）》对打击电信网络诈骗活动也起到了重要的法律保障作用。随着电信网络诈骗犯罪的发展，越来越多的不法分子通过非法获得公民个人信息编排脚本，进行精准诈骗。网络侵犯公民个人信息犯罪对电信网络诈骗犯罪起到了重要的推波助澜作用，为诈骗分子实施诈骗提供了更加便利的条件。保护公民个人信息，保障个人信息安全可以有效遏制电信网络诈骗犯罪的蔓延。《刑法修正案（九）》将刑法第二百五十三条之一修改为："违反国家有关规定，向他人出售或者提供公民个人信息，情节严重的，处三年以下有期徒刑或者拘役，并处或者单处罚金；情节特别严重的，处三年以上七年以下有期徒刑，并处罚金。违反国家有关规定，将在履行职责或者提供服务过程中获得的公民个人信息，出售或者提供给他人的，依照前款的规定从重处罚。窃取或者以其他方法非法获取公民个人信息的，依照第一款的规定处罚。单位犯前三款罪的，对单位判处罚金，并对其直接负责的主管人员和其他直接责任人员，依照各该款的规定处罚。"在刑法修正案（七）的基础上再次将侵犯公民个人信息犯罪纳入修改的范围，扩大了犯罪主体的范围以及增加了"情节特别严重"情形下的法定刑档次[83]。同时，《刑法修正案（九）》新增了网络服务者拒不履行信息网络安全管理义务罪、非法利用信息网络罪及帮助信息网络犯罪活动罪，对信息网络犯罪活动进行规制。

2016 年 9 月 30 日最高人民法院发布的典型案例中即包括杨海鸿、黄晋河、吴彩云诈骗，杨海鸿、黄晋河侵犯公民个人信息案。2015 年 7 月至 9 月 9 日，被告人杨海鸿单独或伙同被告人黄晋河通过购买的方式非法获取到公民个人信息两万余条，并雇用被告人吴彩云在福建省龙岩市武平县

[82]　林远程．福清法院：电信诈骗部分疑难问题探析[EB/OL].[2012-07-18].http://fzszy.chinacourt.org/public/detail.php? id=9420.
[83]　中国法院网上海法院：侵犯公民个人信息罪定罪标准研究
[EB/OL].[2016-07-07]. http://www.chinacourt.org/article/detail/2016/07/id/2013498.shtml.

平川镇租住房等地，通过拨打上述公民个人信息中的手机号码，谎称可以向对方发放残疾人补贴、教育补贴，骗取被害人将钱款转入指定的账户。截至 2015 年 9 月 9 日被查获时，被告人杨海鸿、吴彩云共骗取人民币 70 000 元，其中，被告人黄晋河自 2015 年 8 月 12 日以来参与骗取 17 700 元。案件由福建省安溪县人民法院一审，福建省泉州市中级人民法院二审，法院以诈骗罪、侵犯公民个人信息罪数罪并罚分别对被告人判处了有期徒刑及罚金[84]。

《最高人民法院、最高人民检察院关于办理诈骗刑事案件具体应用法律若干问题的解释》将电信网络诈骗行为规定为可酌情从严惩处的情节，规定了五种情形酌情从严惩处：通过发送短信、拨打电话或者利用互联网、广播电视、报刊杂志等发布虚假信息，对不特定多数人实施诈骗的；诈骗救灾、抢险、防汛、优抚、扶贫、移民、救济、医疗款物的；以赈灾募捐名义实施诈骗的；诈骗残疾人、老年人或者丧失劳动能力人的财物的；造成被害人自杀、精神失常或者其他严重后果的。解释对电信网络诈骗未遂的情形也做了相应的规定，以数额巨大的财物为诈骗目标的，或者具有其他严重情节的，应当定罪处罚。利用发送短信、拨打电话、互联网等电信技术手段对不特定多数人实施诈骗，诈骗数额难以查证，但发送诈骗信息 5000 条以上，或者拨打诈骗电话 500 人次以上，以及诈骗手段恶劣、危害严重的，应当认定为刑法规定的"其他严重情节"，以诈骗罪（未遂）定罪处罚。解释还规定，明知他人实施诈骗犯罪，为其提供信用卡、手机卡、通信工具、通信传输通道、网络技术支持、费用结算等帮助的，以共同犯罪论处。

2016 年 9 月 30 日最高人民法院将吉秀燕等 14 人诈骗案列为典型案例发布。被告人吉秀燕等人冒充中华人民共和国公安机关工作人员身份，

---

[84] 最高人民法院：杨海鸿、黄晋河、吴彩云诈骗，杨海鸿、黄晋河侵犯公民个人信息案 [EB/OL].[2016-09-30]. http://www.chinacourt.org/article/detail/2016/09/id/2257560.shtml.

通过电信技术手段，采用向中国居民拨打电话的方法，向被害人虚构个人信息泄露、涉嫌犯罪、资产需要保全等事实，诈骗 48 名被害人共计人民币 462 万余元。其中被告人陈冬冬、赖韩韩、庄敬意、林智强参与诈骗金额共计人民币 405 万余元，被告人杨剑参与诈骗金额共计人民币 303 万余元。

北京市东城区人民法院经审理认为，被告人吉秀燕等人以非法占有为目的，共同通过电信技术手段，采取虚构事实、隐瞒真相的方法，骗取他人钱财，且数额特别巨大，14 名被告人的行为侵犯了公民的财产权利，均已构成诈骗罪，依法应予刑罚处罚。其中，被告人吉秀燕、李开琴共同负责对别墅内人员的诈骗活动进行管理，且作为三线话务员直接骗取被害人钱款，两被告人在共同犯罪中起主要作用，属于主犯。依照刑法有关规定，以诈骗罪判处 14 名被告人五年至十二年不等的有期徒刑，并处相应数额的罚金。可见，在电信网络诈骗案件中，诈骗金额、被害人人数、诈骗次数、诈骗手段、情节、危害后果等因素都会影响被告人的量刑。本案中，14 名被告人在境外集中居住于别墅内，共同参与电信网络诈骗活动，且分工明确，有一定的组织性，已形成固定的犯罪团伙。每名被告人参与的诈骗金额均在百万元以上，且案发后赃款并未追回，给 48 名被害人造成了巨大的经济损失，北京东城法院最终对 14 名被告人全部判处了有期徒刑五年以上的重刑，两名主犯被判处十二年有期徒刑，对于电信网络诈骗犯罪案件形成了极大的震慑[85]。

在最高人民法院公布的林炎、胡明浪诈骗案中，被告人林炎、胡明浪通过"伪基站"向不特定多数人发送冒充银行或移动运营商客服电话的虚假短信三万余条，诱骗手机用户点击短信中的钓鱼网站、填写相关银行账户信息以达到骗取手机用户钱款的目的。虽因意志以外的原因，被告人的

---

[85] 最高人民法院：吉秀燕等 14 人诈骗案
[EB/OL].[2016-09-30]. http://www.chinacourt.org/article/detail/2016/09/id/2257570.shtml.

犯罪目的未能最终得逞，但其犯罪行为仍具有严重的社会危害，公民个人若未及时查觉，其财产便会处于一种极不安全的状况，故法院仍然依法以诈骗罪分别对被告人林炎、胡明浪判处有期徒刑并处罚金[86]。

而在另外一起案件"陈观湖、陈礼华、陈黄华诈骗案"中，三名被告人虽未参与前一阶段对被害人的具体诈骗行为，但其明知所取款项是诈骗犯罪所得，而与前阶段诈骗犯罪人员相互配合，辗转各地为诈骗犯罪团伙转取款，其行为是整个骗局得逞、诈骗分子获得钱款的重要环节，法院以诈骗犯罪共犯定罪量刑[87]。

《最高人民法院、最高人民检察院、公安部、国家安全部关于依法办理非法生产销售使用"伪基站"设备案件的意见》中明确了除法律、司法解释另有规定外，利用"伪基站"设备实施诈骗等其他犯罪行为，同时构成破坏公用电信设施罪的，依照处罚较重的规定追究刑事责任。对于非法使用"伪基站"设备扰乱公共秩序，侵犯他人人身权利、财产权利，情节较轻，尚不构成犯罪，但构成违反治安管理行为的，依法予以治安管理处罚。2013 年 1 月 1 日起实施的《治安管理处罚法》第四十九条规定，盗窃、诈骗、哄抢、抢夺、敲诈勒索或者故意损毁公私财物的，处 5 日以上 10 日以下拘留，可以并处 500 元以下罚款；情节较重的处 10 日以上 15 日以下拘留，可以并处 1000 元以下罚款。对于尚不构成犯罪的电信网络诈骗行为，亦可依照《治安管理处罚法》进行处罚。

《民法通则》与《侵权责任法》是目前对电信运营商及银行连带民事赔偿责任追究的主要依据。2010 年 7 月 1 日起实施的《侵权责任法》第三十六条对网络侵权作了专门规定，第三款规定："网络服务提供者知道网络用户利用其网络服务侵害他人民事权益，未采取必要措施的，

---

[86] 最高人民法院：林炎、胡明浪诈骗案
[EB/OL].[2016-09-30]. http://www.chinacourt.org/article/detail/2016/09/id/2257553.shtml.
[87] 最高人民法院：陈观湖、陈礼华、陈黄华诈骗案
[EB/OL].[2016-09-30]. http://www.chinacourt.org/article/detail/2016/09/id/2257550.shtml.

与该网络用户承担连带责任。"因此，如果确有证据证明电信运营商明知行为人利用电信网络服务侵害他人民事权益而未采取必要措施的，可以适用《侵权责任法》的相关规定，由电信运营商承担连带赔偿责任[88]。另根据《中华人民共和国商业银行法》第七十三条的规定，商业银行有非法查询、冻结、扣划个人储蓄存款或者单位存款，违反本法规定对存款人或者其他客户造成损害的其他行为等情形之一的，对存款人或者其他客户造成财产损害的，应当承担支付迟延履行的利息以及其他民事责任。而《中华人民共和国电信条例》《电话用户真实身份信息登记规定》《中华人民共和国商业银行法》《中华人民共和国反洗钱法》《个人存款账户实名制规定（国务院令第 285 号）》《人民币银行结算账户管理办法（中国人民银行令〔2003〕第 5 号发布）》《金融机构客户身份识别和客户身份资料及交易记录保存管理办法》《中国人民银行关于进一步落实个人人民币银行存款账户实名制的通知（银发〔2008〕191 号）》《消费者权益保护法》《中华人民共和国反恐怖主义法》中均规定，如果电信运营商及银行怠于履行在个人信息保护及实名制落实方面的责任，将被追究法律责任。

《中华人民共和国电信条例》第五十九条将利用电信网络从事窃取或者破坏他人信息、损害他人合法权益的活动以及以虚假、冒用的身份证件办理入网手续并使用移动电话认定为"扰乱电信市场秩序的行为"。《中华人民共和国商业银行法（2015）》第六条规定，商业银行应当保障存款人的合法权益不受任何单位和个人的侵犯；第二十九条规定，商业银行办理个人储蓄存款业务，应当遵循为存款人保密的原则，对个人储蓄存款，商业银行有权拒绝任何单位或者个人查询、冻结、扣划。工信部 2013 年 7月颁布的《电话用户真实身份信息登记规定》明确要求，电信业务经营者

---

[88] 最高院答复：关于追究电信运营商法律责任有效治理电信诈骗的建议[EB/OL].[2015-03-05]. http://www.lawyerzwj.com/ ShowArt.asp?ID=1720.

为用户办理入网手续时，应当要求用户出示有效证件、提供真实身份信息，并明确了电信业务经营者的查验义务和如实登记义务，以及工信部和地方通信管理机构对实名制的监督职责[89]。

《中华人民共和国反洗钱法》第十六条规定："金融机构应当按照规定建立客户身份识别制度。金融机构在与客户建立业务关系或者为客户提供规定金额以上的现金汇款、现钞兑换、票据兑付等一次性金融服务时，应当要求客户出示真实有效的身份证件或者其他身份证明文件，进行核对并登记。客户由他人代理办理业务的，金融机构应当同时对代理人和被代理人的身份证件或者其他身份证明文件进行核对并登记。与客户建立人身保险、信托等业务关系，合同的受益人不是客户本人的，金融机构还应当对受益人的身份证件或者其他身份证明文件进行核对并登记。金融机构不得为身份不明的客户提供服务或者与其进行交易，不得为客户开立匿名账户或者假名账户。金融机构对先前获得的客户身份资料的真实性、有效性或者完整性有疑问的，应当重新识别客户身份。任何单位和个人在与金融机构建立业务关系或者要求金融机构为其提供一次性金融服务时，都应当提供真实有效的身份证件或者其他身份证明文件。"另第十八条规定："金融机构进行客户身份识别，认为必要时，可以向公安、工商行政管理等部门核实客户的有关身份信息。"《个人存款账户实名制规定》（国务院令第285号）第七条规定："在金融机构开立个人存款账户的，金融机构应当要求其出示本人身份证件，进行核对，并登记其身份证件上的姓名和号码。代理他人在金融机构开立个人存款账户的，金融机构应当要求其出示被代理人和代理人的身份证件，进行核对，并登记被代理人和代理人的身份证件上的姓名和号码。不出示本人身份证件或者不使用本人身份证件上的姓名的，金融机构不得为其开立个人存款账户。"

《消费者权益保护法》第七条规定，消费者有权要求经营者提供的商

---

[89] 贾阳. 法律怎样管住电信诈骗[N]. 检察日报，2014（1）.

品和服务，符合保障人身、财产安全的要求。作为提供服务的电信运营商及银行有条件及法定的责任与义务在合理范围内确保用户的人身、财产安全。《中华人民共和国反恐怖主义法》第二十一条规定，电信、互联网、金融、住宿、长途客运、机动车租赁等业务经营者、服务提供者，应当对客户身份进行查验。对身份不明或者拒绝身份查验的，不得提供服务。

《中华人民共和国电信条例》第六十八条规定，利用电信网络从事窃取或者破坏他人信息、损害他人合法权益的活动以及以虚假、冒用的身份证件办理入网手续并使用移动电话等扰乱电信市场秩序的行为，构成犯罪的，依法追究刑事责任；尚不构成犯罪的，由国务院信息产业主管部门或者省、自治区、直辖市电信管理机构依据职权责令改正，没收违法所得，处违法所得三倍以上五倍以下罚款；没有违法所得或者违法所得不足一万元的，处一万元以上十万元以下罚款。

《中华人民共和国反洗钱法》第三十二条规定，金融机构有未按照规定履行客户身份识别义务，与身份不明的客户进行交易或者为客户开立匿名账户、假名账户，违反保密规定，泄露有关信息等行为之一的，由国务院反洗钱行政主管部门或者其授权的设区的市一级以上派出机构责令限期改正；情节严重的，处二十万元以上五十万元以下罚款，并对直接负责的董事、高级管理人员和其他直接责任人员，处一万元以上五万元以下罚款。根据《中国人民银行关于进一步落实个人人民币银行存款账户实名制的通知（银发〔2008〕191号）》的相关规定，对未按照规定履行客户身份识别义务、未按照规定保存客户身份资料和账户记录等交易记录、与身份不明的客户进行交易或者为客户开立匿名账户、假名账户的银行，按照《中华人民共和国反洗钱法》第三十二条的规定进行处罚。

长期以来，我国的"手机实名制"和"网络实名制"没有明确的法律强制性规定，导致公安机关在侦查电信网络违法犯罪行为时很难掌握网络空间违法犯罪行为主体的信息。2016 年 5 月，工信部网络安全管理局发布了《关于贯彻落实〈反恐怖主义法〉等法律规定 进一步做好电话用户真实身份信息登记工作的通知》，《通知》要求各基础电信企业确保在 2017 年 6 月 30 日前全部电话用户实现实名登记；《六部门通告》提出了更严格的要求，确保到 2016 年 10 月底前全部电话实名率达到 96%，2016 年年底前达到 100%。在规定时间内未完成真实身份信息登记的，一律予以停机。

2016 年，我国的"手机实名制"和"网络实名制"在法律上得到确认。《网络安全法》第二十四条对电话和网络实名制提出了强制性规定，即网络运营者为用户办理网络接入、域名注册服务，办理固定电话、移动电话等入网手续，或者为用户提供信息发布、即时通信等服务，在与用户签订协议或者确认提供服务时，应当要求用户提供真实身份信息。用户不提供真实身份信息的，网络运营者不得为其提供相关服务。

3.2　亟须解决的法律问题

3.2.1　定罪量刑标准有待进一步明确

虽然《最高人民法院、最高人民检察院关于办理诈骗刑事案件具体应用法律若干问题的解释》对电信网络诈骗犯罪的定罪量刑标准进行了较为详细的规定，但由于在真正犯罪实施过程中犯罪团伙构成复杂、藏身地点分散、赃款转移迅速等原因，警方很难将所有犯罪分子全部抓获，或是对查获的银行卡余额全部认定为诈骗所得，导致刑罚的确定性得不到保障[90]。

---

[90]　张鸿强律师．电信诈骗犯罪浅析 [EB/OL].[2016-04-14].http://www.110.com/ziliao/article-583706.html.

其中上述解释第二款主要是针对电信网络诈骗未遂问题，虽在一定程度上明确了定罪的标准，但除短信诈骗和电话诈骗外，并未规定其他电信网络诈骗犯罪的未遂标准[91]，且没有对短信诈骗和电话诈骗进行详细的解释。同时，为了逃避侦查，电信网络诈骗犯罪中的取款、转移赃款等行为往往由分散于犯罪行为实施地以外的多个地方的专门取款人完成，由此产生了帮助取款人的刑事责任认定问题。相较于事先与诈骗犯罪分子存在共谋、共处于电信网络诈骗集团分工体系下的典型的帮助行为，这些专门的取款人的帮助取款行为存在较大的特殊性。

在司法实践中对于一些取款人的帮助取款行为罪名认定存在差异，主从犯认定存在分歧，罪数形态存在争议[92]。可喜的是，2016 年"两高一部司法解释"的颁布进一步明确了电信网络诈骗犯罪的量刑标准，"两高一部司法解释"规定，发送诈骗信息五千条以上的，或者拨打诈骗电话五百人次以上的；在互联网上发布诈骗信息，页面浏览量累计五千次以上的，应当认定为刑法规定的"其他严重情节"，以诈骗罪（未遂）定罪处罚。具有上述情形并且数量达到相应标准 10 倍以上的，应当认定为"其他特别严重情节"，同样以诈骗罪（未遂）定罪处罚。同时规定，明知他人实施电信网络诈骗犯罪，仍帮助转移诈骗犯罪所得及其产生的收益，套现、取现的，以共同犯罪论处。对"明知他人实施电信网络诈骗犯罪"的认定则根据被告人的认知能力，既往经历，行为次数和手段，与他人关系，获利情况，是否曾因电信网络诈骗受过处罚，以及是否故意规避调查等主客观因素进行综合分析。

3.2.2　个人信息保护法律体系不健全

当前，电信网络诈骗日益呈现出精准化、职业化的特征，其精准度和

---

[91] 杨鸿，苏剑邦．电信诈骗犯罪的法律惩治[J]．教育教学论坛，2014（42）：40-44.
[92] 张建，俞小海．电信诈骗犯罪中帮助取款人的刑事责任分析[J]．法学，2016（6）：145-152.

成功率不断提高，症结在于保护个人信息的安全防线不断失守[93]。在互联网大数据时代，在信息泄露和电信网络诈骗的因果利益链上，"卖家"和"买家"是犯罪的两个因果端口。面对虎视眈眈的黑客、等待贩卖牟利的信息贩子，如果缺乏严格的保护和追责机制，侵犯公民个人信息的行为将持续为电信网络诈骗犯罪提供信息支持，起到推波助澜的作用。我国目前涉及个人信息保护的法律规范中，大多较为抽象、可操作性不强[94]，且全国性个人信息保护法至今尚未出台，如何确定个人信息的概念和范围，明确量刑标准并对那些尚不构成刑事犯罪的侵犯公民个人信息的行为予以有效规制，相关法律保障体系仍显得乏力。

在大数据时代，我们需要设立一个不一样的隐私保护模式，这个模式应该更着重于数据使用者为其行为承担责任，而不是将重心放在收集数据之初取得个人同意上，这样可以让使用数据的公司就需要基于其将对个人所造成的影响，对涉及个人数据再利用的行为进行正规评测[95]。日本个人信息保护法（平成 15 年〔02〕法律第 57 号）第四章第 23 条规定，除下述情形之外，个人信息处理业者未经本人同意不得向第三人提供个人数据：一是依据法令之规定的；二是对于保护人的生命、身体或者财产极为必要但是取得本人同意较为困难的；三是对于提高公共卫生或者推进儿童的健康成长有着特殊的需要但是取得本人同意较为困难的；四是有必要对国家机关、地方公共团体或者受其委托的当事人完成法令所规定的事务进行协作但是如果取得本人的同意将有可能对该事务的完成产生障碍的[96]。欧盟《关于与个人数据处理相关的个人数据保护及此类数据自由流动的指

---

[93] 刘晶瑶. 治电信诈骗先规范个人信息采集[EB/OL].[2016-09-02].http://www.chinacourt.org/article/detail/2016/09/id/2073784.shtml.

[94] 贺小虎律师. "电信诈骗的技术治理与法律保障"高峰研讨会讲话整理[EB/OL].[2016-09-19].http://mp.weixin.qq.com/s?__biz=MzIxMzQxODI2Ng==&mid=2247483892&idx=1&sn=039e974ca30968377b2c65db0eb40860.

[95] [英]维克托·迈尔—舍恩伯格，肯尼斯·库克耶著. 大数据时代——生活、工作与思维的大变革[M]. 盛杨燕，周涛译. 浙江：浙江人民出版社，2014.

[96] 参见中国社会科学院法学研究所助理研究员吕艳滨译日本个人信息保护法，录于中国法学网.

令》即《个人数据保护指令》《电子通信数据保护指令》《私有数据保密法》《互联网上个人隐私权保护的一般原则》《关于互联网上软件、硬件进行的不可见的和自动化的个人数据处理的建议》《信息公路上个人数据收集、处理过程中个人权利保护指南》《关于与欧共体机构和组织的个人数据处理相关的个人数据保护及此类数据自由流动的规章》[97]等相关立法中明确了义务主体，即个人信息管理者，如网络服务商等组织的法定义务，规范了个人数据收集、处理、利用的行为。我国《网络安全法》在确立收集、使用个人信息时，要求在遵循知情同意原则的基础上，明确了网络运营商、网络产品、服务的提供者等相关责任主体的法律责任，并给予了公民个人信息删除权（被遗忘权）和更正权，进一步完善了中国个人信息保护规则，符合当前个人信息保护工作的实际和需要，也为今后"个人信息保护法"的制定奠定了坚实的上位法基础[98]。

我国至今没有出台专门的"个人信息保护法"，个人信息保护的法制体系建设仍显得薄弱。我们建议，应当加强关于个人信息与数据保护方面的立法，一方面要重点强化基于网络环境下公民隐私权的保护机制；另一方面要关注"数据资产权"领域的立法。在大数据和云计算时代，资产已经不是土地、人力、技术、资本这些传统意义上的生产要素，而是长期被人们忽视的"数据资产"，数据资产作为一种新型的资产所有权，将成为互联网时代最重要的财富创造来源，亟须依法得到确认和保护。

3.2.3　相关主体法律责任难追究

在打击电信网络诈骗犯罪的进程中，相关法律保障体系的不完善直接导致了网络运营商及银行的法律责任不明确。网络运营商及银行是电信网

97　王归超．个人信息保护模式的国际借鉴和建议[J]．金融经济：理论版，2013（3）：115-117.
98　王春晖．新华网，专家解读《网络安全法》 具有六大突出亮点[EB/OL].[2016-11-08]
　　http://news.xinhuanet.com/info/2016-11/08/c_135813341.htm.

络诈骗犯罪活动中一"进"一"出"的两个重要端口，在打击电信网络诈骗违法犯罪行为上，网络运营商与银行必须守土有责，改进服务，把维护用户的合法权益立于首位，而不能置身事外。然而，根据目前的法律法规，仍然很难有效追究网络运营商及银行的刑事责任及民事责任。

首先，关于以诈骗罪追究网络运营商及银行刑事责任的问题。"一号通""400""商务总机"、出租的电信线路等电信运营商的商业业务均可能被用于实施电信网络诈骗活动；银行账户下的储蓄卡、信用卡则可能成为电信网络诈骗分子获取受害人钱财的途径。诈骗团伙利用电信平台向不特定的电话用户发出用于实施诈骗的短信、电话并可以通过购买他人的身份信息在银行开户收取诈骗款。

作为电信运营商，如果明知或应该知道行为人这些短信、网络改号电话的目的是为了实施诈骗活动，并且可以预见到短信、网络改号电话的发出会造成电信消费者上当受骗，却仍然为了企业的经济利益辅助诈骗集团或放任诈骗短信、网络改号电话的发出；作为银行，如果明知或应该知道开户人以诈骗为目的利用多头账户、虚假账户进行交易，却仍然为其开设账户或放任交易的[99]，是否可以作为诈骗罪的共犯被追究刑事责任？企业法人能否作为诈骗罪共犯的问题解释并没有明确，并且在打击电信网络诈骗犯罪的实践中，即使有损害事实的实际发生，也难以有确切的证据证明网络运营商以及银行的主观故意。

以电话"黑卡"为例，电话"黑卡"是指未进行实名登记并被不法分子利用进行传播淫秽色情信息、实施电信网络诈骗、组织实施恐怖活动等违法犯罪活动的移动电话卡（含无线上网卡）。不法分子利用电话"黑卡"进行违法犯罪活动，犯罪成本低，有关部门追查困难，严重侵

---

[99] 最高院答复：关于追究电信运营商法律责任有效治理电信诈骗的建议[EB/OL].[2015-03-05].
http://www.lawyerzwj.com/ShowArt.asp?ID=1720.

害人民群众合法权益，扰乱社会正常秩序，危害国家安全和社会安定[100]。业内人士认为，以前运营商靠渠道养卡、盲目追求用户数量，造成了黑卡泛滥的现象，如今移动转售号段又为诈骗提供了滋生的温床。自工信部正式开放虚拟运营商（VNO，Virtual Network Operator）移动转售业务以来，由于在很多地方"170"等号段入网门槛低，多数没有实行实名制登记、容易购买、资费便宜、归属地可自由选择，使得该号段成为发送垃圾短信和和实施电信网络诈骗的主要源头，负面累累。

据工信部信息，截至 2016 年 4 月底，已关停了 14 余万个涉及电信网络诈骗等犯罪行为的电话号码，其中涉及虚拟运营商号码就有 6 万多个，占将近一半，可见虚拟运营商的号段已经成为"电信犯罪重灾区"，其中著名的徐玉玉案就是用"171"开头的移动电话实施诈骗的。虚拟运营商号码被不法分子利用发布垃圾信息、进行电信网络诈骗，主要是因为我国虚拟运营商的发展还处于初级阶段，管理措施尚不完善、实名制落实不到位，让不法分子钻了空子。

《六部门通告》发布之后，要求电信企业必须严格落实电话用户真实身份信息登记制度，确保到 2016 年 10 月底前全部电话实名率达到 96%，年底前达到 100%。在规定时间内未完成真实身份信息登记的，一律予以停机。要立即开展一证多卡用户的清理，对同一用户在同一家基础电信企业或同一移动转售企业办理有效使用的电话卡达到 5 张的，该企业不得为其开办新的电话卡。要采取措施阻断改号软件网上发布、搜索、传播、销售渠道，严格规范国际通信业务出入口局主叫号码传送，加大网内和网间虚假主叫发现与拦截力度，对违规经营的网络电话业务一律依法予以取缔，对违规经营的各级代理商责令限期整改，逾期不改的一律由相关部门吊销执照，并严肃追究民事、行政责任。

---

[100] 电话"黑卡"治理专项行动有关内容问答[EB/OL].[2015-01-06].http://news.xinhuanet.com/info/2015-01/06/c_133898098.htm.

使用现代信息通信手段进行的电信网络诈骗造成了严重的社会影响，不仅给受害人造成了严重的经济损失甚至生命为代价，也造成了整个社会的信任丧失和道德沦丧。实名制的强制推进有利于上述问题的解决。2016年起，实名制在电信运营行业得到了坚决彻底的执行，这对中国通信行业的未来将影响深远，同时也会改变中国的互联网格局，由此更是给虚拟运营商的发展提出了严峻的挑战。

其次，对相关主体责任追究的问题。《六部门通告》中强调电信企业、银行、支付机构和银联要切实履行主体责任，对责任落实不到位导致被不法分子利用实施电信网络诈骗犯罪的，要依法追究责任。各级行业主管部门要落实监管责任，对监管不到位的，要严肃问责。对因重视不够，防范、打击、整治措施不落实，导致电信网络诈骗犯罪问题严重的地区、部门、国有电信企业、银行和支付机构，坚决依法实行社会治安综合治理"一票否决"，并追究相关责任人的责任。

根据我国刑法的规定"依照法律、法规规定行使国家行政管理职权的组织中从事公务的人员，在工作中马虎草率，极端不负责任，或是放弃职守，对自己应当负责的工作撒手不管等不履行、不正确履行或者放弃履行其职责，致使公共财产、国家和人民利益遭受重大损失"的行为属于渎职行为，轻则行政处分，重则追究刑事责任[101]。2013 年 1 月初，《最高人民法院、最高人民检察院关于办理渎职刑事案件适用法律若干问题的解释（一）》发布，释放出从严惩处渎职犯罪的信号，致死 1 人以上应定罪。

关于是否可以按照渎职罪追究运营商相关责任人的刑事责任，最高院在答复全国人大代表"关于追究电信运营商法律责任 有效治理电信网络诈骗的建议"中认为，电信运营商提供公共信息服务系日常经营业务，不

---

[101] 高院答复：关于追究电信运营商法律责任 有效治理电信诈骗的建议[EB/OL].[2015-03-05]. http://www.lawyerzwj.com/ShowArt.asp?ID=1720.

属于"行使国家行政管理职权"，无法以渎职罪追究电信运营商的刑事责任。而《中华人民共和国电信条例》《中华人民共和国反洗钱法》《中国人民银行关于进一步落实个人人民币银行存款账户实名制的通知（银发〔2008〕191 号）》《中华人民共和国反恐怖主义法》等法律法规中规定的对直接负责的董事、高级管理人员和其他直接责任人的惩罚力度都非常有限。电信企业、银行、支付机构和银联等相关主体在打击电信网络诈骗犯罪中承担着不容回避的责任与义务，但就目前已有的法律规定而言，对企业作为法律责任主体在未履行法定义务后的法律责任仍不确切，尚无法实现倒逼企业依法履行主体责任的法律强制力。

最后，关于电信运营商及银行承担民事赔偿责任的问题。《侵权责任法》第三十六条对网络侵权作了专门规定，第三款规定："网络服务提供者知道网络用户利用其网络服务侵害他人民事权益，未采取必要措施的，与该网络用户承担连带责任。"因此，如果确有证据证明电信运营商明知行为人利用电信网络服务侵害他人民事权益而未采取必要措施的，可以适用《侵权责任法》的相关规定，由电信运营商承担连带赔偿责任[102]。《民法通则》第 106 条第 2 款规定："公民、法人由于过错侵害国家、集体的财产，侵害他人财产、人身的，应当承担民事责任。"

从当前的法律规定来看，主观上是否具有过错，客观上是否存在加害行为、损害事实以及行为与损害结果之间是否存在因果关系等，都是判断电信运营商及银行是否承担民事赔偿责任的必备法定条件。但是，除故意侵权的情况外，对于过失侵权的证据认定标准并不明确，诉讼中主观过错及因果关系均难以举证。

有学者认为对于这类案件，在相关责任构成信息无法证明的情况下，应由谁来承担举证责任亦是确定责任承担的关键所在。而对于该问题，

---

[102] 最高院答复：关于追究电信运营商法律责任有效治理电信诈骗的建议[EB/OL].[2015-03-05]. http://www.lawyerzwj.com/ShowArt.asp?ID=1720.

我国司法实践中仍存在争议，各地法院的判决并不一样，有的法院判决应由银行或者电信部门举证证明受害人没有尽到对自己银行卡使用的注意义务，否则应由银行或者电信部门承担责任；有的法院则判决应由受害人证明银行或者电信部门的行为存在过错，否则受害人需要承担损害后果[103]。

3.2.4　受害人权利救济难实现

电信网络诈骗犯罪主体隐匿性强，作案过程耗时短，而在电信运营商和银行取证周期长，跨国跨境犯罪突出，案件侦破难度大。不法分子借助虚假账户的多次转款，并采取异地甚至境外取款的办法来逃避追查，致使被骗赃款难冻结、难查询、难追缴，多成"无头案"[104]。电信网络诈骗犯罪受害人的权利救济难以实现除了由电信网络诈骗犯罪的犯罪特点决定之外，救济途径单一也是重要原因之一。受害人在被动等待公安机关追缴赃款的同时缺少更多的救济渠道。向电信运营商及银行提起民事诉讼要求其单独或连带承担民事赔偿责任在举证、赔偿金额认定等方面仍然存在较多的法律障碍。

有学者研究指出，电信网络诈骗的民事纠纷在司法实践中同案不同判的情况亦客观存在，以致受害人的合法权益难以得到有效的法律保护[105]。如 2013 年年底，犯罪嫌疑人持姓名为"熊某"的临时身份证补卡成功后，通过熊某第三方支付平台快捷支付将钱转走。随后，熊某起诉涉事的中国移动广西有限公司柳州分公司。经过两次审理，二审法院认为，中国移动

103 刘金林．对电信诈骗损失，银行、电信企业或担责
[EB/OL].[2016-09-28]. http://news.jcrb.com/jxsw/201609/t20160928_1652220.html.
104 贺小虎律师．"电信诈骗的技术治理与法律保障"高峰研讨会讲话整理
[EB/OL].[2016-09-19].http://mp.weixin.qq.com/s?__biz=MzIxMzQxODI2Ng==&mid=224748389
2&idx=1&sn=039e974ca30968377b2c65db0eb40860.
105 吴朝平．互联网+背景下电信诈骗的发展变化及其防控[J]．中国人民公安大学学报，2015（6）：
17-28.

柳州分公司"未尽注意审核义务"，在其能力范围内对风险未进行谨慎的控制，对该案补办手机卡的行为具有过错，因就此承担违约责任，赔偿用户相应的损失[106]。然而，该判决中模棱两可的"相应的损失"究竟如何确定？如果根据电信服务合同仅承担话费损失的话，无疑没有实现对受害人损失的有效救济。

3.2.5　司法地域管辖仍有待明确

根据《关于办理网络犯罪案件适用刑事诉讼程序若干问题的意见》规定，"网络犯罪案件由犯罪地公安机关立案侦查。必要时，可以由犯罪嫌疑人居住地公安机关立案侦查。"随着网络信息技术的不断深入发展，虚拟世界中地域界限甚至国界的划分逐渐淡化，而一些网络诈骗犯罪分子为了逃避打击，通过技术手段使得网络接入地、犯罪地无法查证确认。侦查机关发现此类犯罪线索后，往往受制于没有管辖权而无法采取进一步的侦查措施，只能通过层报最高法、最高检、公安部指定管辖，周期较长，严重延缓了破案的时间。而且，电信网络诈骗犯罪的侵害对象具有不确定性，人数众多，涉案地域广，往往一起案件涉及多个省市和地区。侦破一起电信网络诈骗案件的主办侦查机关，往往需要准备好各种法律手续亲自到各地、各部门调查取证，不仅耗费了大量的人力、物力和财力，而且侦破难度大，办案成本高，导致公安机关极易对案件的管辖进行相互推诿，延误了案件的最佳侦办时机，最终导致很多重要证据无法及时收集。

2016 年"两高一部司法解释"对电信网络诈骗的管辖做出了规定：电信网络诈骗犯罪案件一般由犯罪地公安机关立案侦查，如果由犯罪嫌疑人居住地公安机关立案侦查更为适宜的，可以由犯罪嫌疑人居住地公安机关立案侦查。其中犯罪地包括犯罪行为发生地和犯罪结果发生地。"犯罪行为发生地"

---

[106] 每日经济新闻. 手机诈骗引关注 三大电信运营商疏漏频出被追责 [EB/OL]. [2016-05-20]. http://news.qq.com/a/20160520/009035.htm?v0hjq.

包括用于电信网络诈骗犯罪的网站服务器所在地，网站建立者、管理者所在地，被侵害的计算机信息系统或其管理者所在地，犯罪嫌疑人、被害人使用的计算机信息系统所在地，诈骗电话、短信息、电子邮件等的拨打地、发送地、到达地、接受地，以及诈骗行为持续发生的实施地、预备地、开始地、途经地、结束地。"犯罪结果发生地"包括被害人被骗时的所在地，以及诈骗所得财物的实际取得地、藏匿地、转移地、使用地、销售地等。

实践中，电信网络诈骗的犯罪行为发生地和犯罪结果发生地有的时候是相互竞合的，有相当数量的电信网络诈骗案件发生在境外，而且许多电信网络诈骗犯罪案件同时具有网络交易、技术支持、资金转移等多种关系，且同时在不同区域发生，已经形成了多层级的跨区域链条，因此应当进一步动态地完善和细化相关司法管辖。

第四章　反电信网络诈骗的对策研究

4.1　制定和完善相关法律法规

4.1.1　亟须制定个人信息保护法

电信网络诈骗案件中，犯罪嫌疑人都非法获取了大量且详细的公民个人信息，这是作案人能够非常容易地利用公民个人精准信息实施电信网络诈骗的直接原因。目前，个人信息的随意搜集和买卖已经成为日常生活中的一大公害，一些掌握有大量个人信息的单位或个人在网络上向产品推销人员出卖信息，如购车、购房、保险、机票、身份证号码、电话号码，甚至是完整的个人信息资料。这些现象背后很大的原因是我国没有制定专门的个人信息安全保护法律，导致对此类行为的打击无法可依。

刑法修正案（七）规定了"出售、非法提供公民个人信息罪"和"窃取、非法获取公民个人信息罪"，刑法修正案（九）作出了进一步的修改完善，但是构成本罪需满足一定的条件，即"向他人出售或者提供公民个人信息，情节严重的"。因此，并非全部的此类违法行为都能够受到刑法的制裁，如果情节未达到严重情形的则处于刑法的追责范围之外。《计算机信息网络国际联网安全保护管理办法》的第七条也规定，相关人不得利用通信设施侵犯公民的通信自由和通信秘密，这对保护个人信息起到了一定的作用。但这些只是原则性的规定，缺乏具体操作性，无法应对司法实践中出现的各种具体情况。因此，必须尽快出台个人信息保护法。全国人大代表、农工党中央副主席、南京邮电大学校长杨震教授曾于 2015 年和 2016 年连续两年向全国人民代表大会提出启动个人信息保护法的立法议案，呼吁尽快制定个人信息保护法，规范互联网信息产业发展，让大数据、电子商务领域立法与个人信息保护立法齐头并进，让泄露或出卖信息者受到法律的惩处[107]。个人信息保护法拟从以下几个方面做出规定。

首先，进一步对个人信息的定义、内涵、外延等做出相对确定的法律规定。因为姓名、职业、职务、年龄、婚姻状况、学历、工作经历、家庭住址、电话号码、信用卡号码、血型、银行账号等都属于公民个人的身份信息，需要法律对此做严格的解释。可将个人信息分为一般信息和敏感信息，对于侵犯敏感信息的，赋予受害人主张精神损害赔偿的权利[108]。

其次，对个人信息的收集和使用原则、安全责任、监督检查等制度进行规定。国家机关只能在法定职权范围内为履行其职责收集个人信息，不得超越法定职权范围之外收集个人信息；对于商业机构、媒体、个人等非国家机关的信息处理者，须经过政府信息登记管理机关办理核准登记手续，未经核准擅自处理个人信息的，由政府部门予以取缔并查处。对于擅自泄露滥用信息者，应承担民事赔偿责任，构成犯罪的应追究刑事责任，切实保护公民的个人信息安全[109]。

---

[107] 丁国锋. 杨震代表呼吁个人信息保护法立法尽快启动[EB/OL].[2016-03-12].
　　http://finance.sina.com.cn/sf/news/2016-03-12/101923627.html.

[108] 中国移动通信集团终端有限公司董事长李连贵提出，参见陈丽平：立法保护个人信息治理电信诈骗法制日报[N]，2016 年 3 月 15 日.

[109] 胡向阳，刘祥伟，彭魏. 电信诈骗犯罪防控对策研究[J]. 中国人民公安大学学报（社会科学版），
　　2010（5）：90-98.

再次，适当加大处罚力度，增强法律威慑力。在单位和个人实施违法行为后，不仅要追究其刑事责任和行政责任，还要追究其民事责任，既对侵权人进行相应的惩罚，也给受害人一定的经济赔偿或补偿。建议引入惩罚性的民事赔偿制度，由法律规定最低的赔偿数额，受害人可以在法定赔偿额和实际损失之间进行选择。

2016 年 9 月 23 日，最高人民法院、最高人民检察院、公安部、工信部、中国人民银行、中国银监会六部门联合发布了《关于防范和打击电信网络诈骗犯罪的通告》，明确指出"严禁任何单位和个人非法获取、非法出售、非法向他人提供公民个人信息。对泄露、买卖个人信息的违法犯罪行为，坚决依法打击。对互联网上发布的贩卖信息、软件、木马病毒等要及时监控、封堵、删除，对相关网站和网络账号要依法关停，构成犯罪的依法追究刑事责任"。

当前，新型网络犯罪日益呈现出精准化、职业化的特征，其精准度和成功率不断提高，症结在于个人信息安全保护的防线不断失守。在互联网、大数据时代，侵犯个人信息和实施通信信息网络诈骗是两大主要新型网络违法犯罪类型，其中"违法犯罪活动的网站和通信群组"以及"利用网络发布与实施诈骗"是上述两大犯罪的两个"终端"。

2012 年，全国人民代表大会常务委员会《关于加强网络信息保护的决定》确定了十项保护个人信息的规则，一是任何组织和个人不得窃取或者以其他非法方式获取公民个人电子信息，不得出售或者非法向他人提供公民个人电子信息；二是网络服务提供者和其他企业事业单位在业务活动中收集、使用公民个人电子信息，应当遵循合法、正当、必要的原则，明示收集、使用信息的目的、方式和范围，并经被收集者同意，不得违反法律、法规的规定和双方的约定收集、使用信息；三是网络服务提供者和其他企业事业单位及其工作人员对在业务活动中收集的公民个人电子信息必须严格保密，不得泄露、篡改、毁损，不得出售或者非法向他人提供；四是网络服务提供者和其他企业事业单位应当采取技术措施和其他必要措施，确保信息安全，防止在业务活动中收集的公民个人电子信息泄露、毁损、丢失，在发生或者可能发生信息泄露、毁损、丢失的情况时，应当采取补救措施；五是网络服务提供者应当加强对其用户发布的信息的管理、发现法律、法规禁止发布或者传输的信息的，应当立即停止传输该信息，采取消除等处置措施，保存有关记录，并向有关主管部门报告；六是网络服务提供者为用户办理网站接入服务，办理固定电话、移动电话等入网手续，或者为用户提供信息发布服务，应当在与用户签订协议或者确认提供服务时，要求用户提供真实身份信息；七是任何组织和个人未经电子信息接收者同意或者请求，或者电子信息接收者明确表示拒绝的，不得向其固定电话、移动电话或者个人电子邮箱发送商业性电子信息；八是公民发现泄露个人身份、散布个人隐私等侵害其合法权益的网络信息，或者受到商业性电子信息侵扰的，有权要求网络服务提供者删除有关信息或者采取其他必要措施予以制止；九是任何组织和个人对窃取或者以其他非法方式获取、出售或者非法向他人提供公民个人电子信息的违法犯罪行为以及其他网络信息违法犯罪行为，有权向有关主管部门举报、控告，接到举报、控告的部门应当依法及时处理，被侵权人可以依法提起诉讼；十是有关主管部门应当在各自职权范围内依法履行职责，采取技术措施和其他必要措施，防范、制止和查处窃取或者以其他非法方式获取、出售或者非法向他人提供公民个人电子信息的违法犯罪行为以及其他网络信息违法犯罪行为，有关主管部门依法履行职责时，网络服务提供者应当予以配合，提供技术支持。

即将于 2017 年 6 月 1 日起施行的《中华人民共和国网络安全法》有针对性的规定：任何个人和组织不得设立用于实施诈骗，传授犯罪方法，制作或者销售违禁物品、管制物品等违法犯罪活动的网站、通信群组，不得利用网络发布与实施诈骗，制作或者销售违禁物品、管制物品以及其他违法犯罪活动有关的信息，增加规定相应的法律责任。

我们建议，在《中华人民共和国网络安全法》和全国人大常委会《关于加强网络信息保护的决定》的基础上，尽快制定"个人信息保护法"，明确和细化收集、利用、加工、传输个人信息的法律规则，同时应当进一步完善和修订《个人信息保护指南》，从法律体系和国家标准两大领域夯实我国公民个人信息保护体系。

4.1.2　制定专门的"信息通信消费者权益保护条例"

随着信息通信业的快速发展，我国居民的信息消费已经成为人们消费的主流，尤其是以网络为主要载体的新型信息通信消费的迅猛发展，使信息消费领域快速扩展，并逐渐成为人们消费的重要方式。在公民的个人信息消费领域，最令人担忧的是信息消费中的个人信息不断泄露的问题。根据中国互联网协会发布的《2016中国网民权益保护调查报告》，我国54%的网民认为个人信息泄露情况严重，84%的网民曾亲身感受到因个人信息泄露带来的不良影响[110]。

当前电信网络诈骗案件高发的主要原因是个人信息的随意泄露或买卖，使得犯罪分子能够实施精准诈骗。如果消费者的个人信息被商家"出卖"了，投诉无门，无法救济，人们就会怀疑法律的作用，从而对法律失去信仰和信心。我国《消费者权益保护法》首次将个人信息保护作为消费者权益确认下来，这是消费者权益保护领域的一项重大突破。该法第二十九条规定，"经营者收集、使用消费者个人信息，应当遵循合法、正当、必要的原则，明示收集、使用信息的目的、方式和范围，并经消费者同意。经营者收集、使用消费者个人信息，应当公开其收集、使用规则，不得违反法律、法规的规定和双方的约定收集、使用信息。经营者及其工作人员

---

[110]　中国互联网协会：《中国网民权益保护调查报告 2016》[EB/OL].[2016-06-26]. http://www.isc. org.cn /zxzx/xhdt/ listinfo-33759.html.

对收集的消费者个人信息必须严格保密，不得泄露、出售或者非法向他人提供。经营者应当采取技术措施和其他必要措施，确保信息安全，防止消费者个人信息泄露、丢失。在发生或者可能发生信息泄露、丢失的情况时，应当立即采取补救措施。"虽然《消费者权益保护法》将消费者个人信息保护的基本规制得以确认，但这一原则性的规定对目前庞大的信息通信消费行为的保护仍显得力不从心。

针对个人信息的泄露以及有害垃圾信息的骚扰等现象，为更好地保护信息通信消费者的权益，可以借鉴欧美国家的一些规定。如德国《联邦资料保护法》第 4 条第 1 款规定："除非本法或其他法律允许或授权，或者取得信息主体的同意，否则不得收集、处理、利用个人信息。禁止收集原则，是整个德国个人信息保护法的出发点。即除非法律另有规定，否则禁止收集、处理个人信息。欧盟《资料保护指令》没有区分公私领域，统一规定了 6 种例外，即信息主体同意、履行合同义务、承担法律职能、保障重大利益、维护公共利益和实现正当利益[111]。美国为了保护和规范公民个人信息消费的安全，专门制定了《电话消费者保护法》和《控制非自愿色情和推销侵扰法》，两部法律明确规定不得向消费者发送商业营销、产品推广、服务广告有关的垃圾短信。用户只能在两种情况下接收此类手机短信：一是明确表示同意接收；二是这些短信用于紧急情况[112]。信息通信消费者的特殊权利依据这两部法律得到了更为有效的保护。

据工信部统计，2016 年电信业务收入完成 11 893 亿元人民币，同比增长 5.6%，比上年回升 7.6 个百分点。电信业务总量完成 35 948 亿元人民币，同比增长 54.2%，比上年提高 25.5 个百分点。2016 年，电信业务收入结构继续向互联网接入和移动流量业务倾斜。非话音业务收入占比由

---

[111] 蒋舸. 个人信息保护法立法模式的选择——以德国经验为视角[J]. 法律科学（西北政法大学学报），2011（2）：113-120.

[112] 尤远. 严防电信诈骗，美国怎么堵源头[EB/OL].[2016-09-19]. http://www.jfdaily.com/shendu/bw/201609/t20160919_2450660.html.

上年的 69.5%提高至 75.0%；移动数据及互联网业务收入占电信业务收入的比重从上年的 26.9%提高至 36.4%。移动宽带（3G/4G）用户占比大幅提高，光纤接入成为固定互联网宽带接入的主流。移动宽带用户在移动用户中的渗透率达到 71.2%，比上年提高 15.6 个百分点；8Mbit/s 以上宽带用户占比达 91.0%，光纤接入（FTTH/O）用户占宽带用户的比重超过 3/4。融合业务发展渐成规模，截至 2016 年年底，IPTV 用户达 8673 万户。2016 年，在 4G 移动电话用户大幅增长、移动互联网应用加快普及的带动下，移动互联网接入流量消费达 93.6 亿 GB，同比增长 123.7%，比上年提高 20.7 个百分点。全年月户均移动互联网接入流量达到 772MB，同比增长 98.3%。其中，通过手机上网的流量达到 84.2 亿 GB，同比增长 124.1%，在总流量中的比重达到 90.0%。固定互联网使用量同期保持较快增长，固定宽带接入时长达 57.5 万亿分钟，同比增长 15.0%[113]。

随着信息通信消费的逐年增加，信息通信的消费者已经成为数量庞大的独特消费群体。电信网络诈骗犯罪的蔓延暴露了我国对这一特殊消费群体合法权益的保护仍然非常薄弱。对此，我们建议依据《消费者权益保护法》，由国务院制定专门的"信息通信消费者权益保护条例"或在今后出台的"电信法"中专章规定"信息通信消费保护"，进一步在相关法律基本原则的基础上，规范和细化网络运营商与消费者之间的权利和义务，制定信息通信消费和服务的规则，完善信息通信监督治理机制，明确电信运营商和互联网企业的相关法律责任，切实保护信息通信消费者的个人权益不受侵犯。

4.1.3　以危险方法危害公共安全罪对"电信网络诈骗"定罪

以危险方法危害公共安全罪是指，故意以放火、决水、爆炸以及投放

113　工信部运行监测协调局：2016 年通信运营业统计公报 [EB/OL].[2017-01-22]. http://www.miit. gov.cn/n1146285/ n1146352/ n3054355 /n3057511/ n3057518/c5471292/content.html.

危险物质以外的并与之相当的危险方法，足以危害公共安全的行为。该罪侵犯的客体是公共安全，即不特定的多数人的生命、健康或者重大公私财产的安全。该罪在客观方面表现为以其他危险方法危害公共安全的行为。所谓其他危险方法，是指放火、决水、爆炸以及投放危险物质以外的，但与上述危险方法相当的危害公共安全的犯罪方法。该罪在主观方面表现为犯罪的故意，包括直接故意和间接故意。即行为人明知其实施的危险方法会危害公共安全，即危害不特定的多数人的生命、健康或者公私财产安全的严重后果，并且希望或者放任这种结果发生。在司法实践中，这种案件除少数对危害公共安全的严重后果持希望态度属于直接故意构成外，其他多数持放任态度属于间接故意。

对照以危险方法危害公共安全罪的构成要件，电信网络诈骗犯罪本质上符合以危险方法危害公共安全罪的特征。

首先，电信网络诈骗针对的是不特定的多数人，犯罪嫌疑人主要利用信息技术的便捷、快速、高效和高覆盖率进行犯罪活动，只要是手机用户或者是使用 QQ、微信、网银等特定的用户群体，都可能会接收到诈骗电话和信息而成为受害人。犯罪嫌疑人根本不需要认识受害人、不需要知道其身份信息，就可以针对诈骗对象区域的号码段进行群发信息或者盲打电话，无论是国内还是国外、男女老幼、不同职业，受害人的覆盖面非常广。

其次，电信网络诈骗行为一旦得逞后，受害人往往会遭受重大的财产损失，甚至导致轻生等危害生命的严重危害社会行为的发生。如 2016 年发生了山东临沂女孩徐玉玉、山东理工大二学生宋振宁等多起因电信网络诈骗而导致死亡的案例，危害结果特别严重。

再次，电信网络诈骗犯罪分子实施的手段极其恶劣，他们有组织地分工协作，编造各种谎言，花样翻新，甚至冒充国家公检法和政府机关，极大地破坏了人民群众生活的平稳与安宁，严重损害了国家机关的形象和社会公信力，造成了不特定多数人的重大公私财产的损失，此类犯罪行为与放火、决水、爆炸、投毒的危险性相当，足以危害公共安全。

刑法第一百一十四条和一百一十五条第一款规定，放火、决水、爆炸以及投放毒害性、放射性、传染病病原体等物质或者以其他危险方法危害公共安全，尚未造成严重后果的，处三年以上十年以下有期徒刑；致人重伤、死亡或者使公私财产遭受重大损失的，处十年以上有期徒刑、无期徒刑或者死刑。可见，"其他危险方法"是对放火、决水、爆炸、投放危险物质四种行为的兜底，根据刑法同类解释规则，对这四种行为之外的其他危险行为要认定为以危险方法危害公共安全罪，则应当要求该行为具有与这四种行为相当的危险性、破坏性，而电信网络诈骗是一种具有极大危险性和破坏性的犯罪。同时，以危险方法危害公共安全罪是故意犯罪，行为人不仅故意实施危害公共安全的行为，并且希望或者放任危害结果（包括具体危险）的发生。

电信网络诈骗犯罪中通过黑客攻击、植入木马、网络渗透，有的利用电话追呼系统等严重干扰公安机关工作的隐蔽技术手段，诱骗（盗取）不特定多数的被害人资金汇（存）入其控制的银行账户，实施违法犯罪的行为，完全符合以危险方法危害公共安全罪的主客观条件，应当认定为以危险方法危害公共安全罪，不能简单以诈骗罪认定该罪。根据是否造成严重危害后果，电信网络诈骗可以分为多种情形，不同情形下需要与以危险方法危害公共安全罪厘清界限的程度也不同。

我们认为，电信网络诈骗是互联网时代出现的一种新型网络犯罪，该类犯罪已经不再是《刑法》中的"以非法占有为目的，用虚构事实或者隐瞒真相的方法，骗取数额较大的公私财物的行为"，已经演变为"以危险方法危害公共安全的行为"，必须引起立法和司法界的高度重视。

对于电信网络诈骗犯罪，必须严厉打击、从重处罚，在符合法律原则的基础上进一步严格定刑和量刑标准，加大惩处力度，不给犯罪行为以任何可乘之机。对一些手段恶劣、后果严重的电信网络诈骗案件，应当以危险方法危害公共安全罪论处，让犯罪分子望而生畏，不敢出手。当前，打击电信网络诈骗犯罪已经不仅仅是保护公民财产和人身安全的问题，对维护社会的稳定、保障公共安全、增强人民群众对政府的信任以及对改革开放的信心都具有非常重要的现实意义。

4.1.4　将电信网络诈骗罪单独定罪

1. 将电信网络诈骗犯罪单独定罪

从目前的立法来看，《刑法》第二百六十六条规定，"诈骗公私财物，数额较大的，处三年以下有期徒刑、拘役或者管制，并处或者单处罚金；数额巨大或者有其他严重情节的，处三年以上十年以下有期徒刑，并处罚金；数额特别巨大或者有其他特别严重情节的，处十年以上有期徒刑或者无期徒刑，并处罚金或者没收财产。本法另有规定的，依照规定"。其中没有对电信网络诈骗犯罪进行专门的立法，更没有直接关于此类犯罪的罪名。2011 年 4 月 1 日起实行的最高人民法院和最高人民检察院《关于办理诈骗刑事案件具体应用法律若干问题的解释》将电信网络诈骗归入诈骗犯罪，仅对诈骗犯罪嫌疑人的几种行为特征、数额、情节作出了具体规定，但对电信网络诈骗的行为特征没有做出明确规定和认定依据，对各种诈骗手段种类也没有区分，不能完全体现罪刑相适应和罪刑法定的刑法基本原则[114]。《刑法》二百八十七条规定的"利用计算机实施金融诈骗、盗窃、贪污、挪用公款、窃取国家秘密或者其他犯罪的，依照本法有关规定处罚"，是对利用计算机和计算机网络实施传统型犯罪的概括性规定，这条规定过于概括，在实践中没有可操作性，也没有体现电信网络诈骗犯罪的独有特征。

由于电信网络诈骗犯罪侵犯的不仅仅是财产关系，还侵犯了公民隐私

---

[114] 缀探. 电信诈骗犯罪治理问题研究[D]. 苏州大学硕士论文，2009 年.

权，妨害和扰乱了电信、金融、信用卡、计算机、无线电频谱等多领域的管理秩序，形成了多个交叉的刑事法律关系。对于同时侵犯了多个客体的犯罪行为究竟该如何定性处罚，法律没有做出明确规定。《关于办理诈骗刑事案件具体应用法律若干问题的解释》的出台，在一定程度上加大了对电信网络诈骗犯罪的打击力度，但从电信网络诈骗的发展趋势来看，仅仅依靠司法解释来打击处理这类犯罪尚显不足。

鉴于《刑法》已将金融诈骗罪、合同诈骗罪单独作了规定，在定罪量刑方面也细化了量刑标准，故建议在《刑法》中增设一款，"以非法占有为目的，利用各种媒介工具，针对不特定人群，采取虚构事实或者隐瞒事实真相的方法，骗取较大数额公私财物的行为，依照前款规定定罪量刑"。通过该条规定，将电信网络诈骗犯罪以法律条文的形式固定下来，既符合罪刑法定的刑法基本原则，也解决了各级执法和司法机关面对电信网络诈骗无具体法律可依的困惑。

2. 制定科学合理的量刑标准

2011 年出台的两高《关于办理诈骗刑事案件具体应用法律若干问题的解释》，主要是针对诈骗犯罪案件的定罪量刑问题，诈骗三千元至一万元以上，不满三万元的，认定为"数额较大"，处三年以下有期徒刑；诈骗三万元至十万元以上，不满五十万元的，或有其他严重情节的，认定为"数额巨大"，处三年以上十年以下有期徒刑；诈骗五十万元以上，或者有其他特别严重情节的，认定为"数额特别巨大"，处十年以上有期徒刑或者无期徒刑。

很多电信网络诈骗行为虽然没有达到以上数额较大的标准，但是其行为严重扰乱了社会秩序，其危害程度并不低于普通诈骗罪。但由于没有科学合理的量刑标准，犯罪行为就会容易逃避法律的制裁，使得不法分子因为犯罪成本低会继续疯狂作案，法律的威慑作用得不到彰显。因此，根据罪责刑相适应的原则，应当对电信网络诈骗罪的法定刑进行适度的提高，优化配置自由刑与财产刑，提高罚金数额。同时，鉴于电信网络诈骗犯罪的高科技性特征，犯罪分子会雇佣一些具有较高计算机网络技术、熟练掌握现代通信技术和电子银行技术的专业技术人士，这些人往往受到高薪的诱惑，铤而走险提供犯罪活动的技术支持，危害也相当严重。因此，建议在自由刑、财产刑的基础上增加资格刑，对违反职业操守、参与违法活动的专业人员取消其终身从业的资格。

各地人民法院可以根据我国刑法、刑事诉讼法和各类司法解释中关于诈骗罪立法的基本精神，结合当地自身的实际情况，对电信网络诈骗罪的认定及法律适用细则提出具有可操作性的意见。2014 年 5 月北京市高级人民法院制定了《关于常见犯罪的量刑指导意见》实施细则，该细则明确规定，通过发送短信、拨打电话或者利用互联网、广播电视、报纸杂志等发布虚假信息，对不特定多数人实施诈骗的案件，在量刑时最多可以增加基准刑的 30%。此外，加大对犯罪分子的经济制裁力度，从经济上彻底剥夺犯罪分子再犯的能力。

2016 年 12 月 20 日，最高人民法院、最高人民检察院、公安部针对该类新型犯罪特点和作案手段进行了深入的调查研究，广泛征求了各行业的意见，并在反复研究论证的基础上，依照刑法、刑诉法和相关司法解释的规定，联合制定了《关于办理电信网络诈骗等刑事案件适用法律若干问题的意见》，对量刑标准作出了新的司法解释。

（1）规定了十项"从重处罚"的情节

刑法上的"从重处罚"是指在刑法法定处罚种类和幅度内对行为人适用较重种类或者较高幅度的处罚。从重处罚表明犯罪行为人实施的犯罪行为是比较严重的，要在量刑幅度内选择比较重的刑罚。第二条规定了十项电信网络诈骗从重处罚的情节：造成被害人或其近亲属自杀、死亡或者精神失常等严重后果的；冒充司法机关等国家机关工作人员实施诈骗的；组织、指挥电信网络诈骗犯罪团伙的；在境外实施电信网络诈骗的；曾因电信网络诈骗犯罪受过刑事处罚或者二年内曾因电信网络诈骗受过行政处罚的；诈骗残疾人、老年人、未成年人、在校学生、丧失劳动能力人的财物，或者诈骗重病患者及其亲属财物的；诈骗救灾、抢险、防汛、优抚、扶贫、移民、救济、医疗等款物的；以赈灾、募捐等社会公益、慈善名义实施诈骗的；利用电话追呼系统等技术手段严重干扰公安机关等部门工作的；利用"钓鱼网站"链接、"木马"程序链接、网络渗透等隐蔽技术手段实施诈骗的。

我国刑法中的"从重处罚"必须以"从重处罚情节"为依据，如果没有"从重处罚情节"，不得对犯罪分子进行从重量刑。从确定的十类从重处罚情节来看，电信网络诈骗除了构成诈骗本罪之外，该类新型犯罪还将引发系列犯罪并导致严重的社会危害性，因此必须加大该类犯罪人刑事责任的成本。

（2）进一步确定了诈骗"数额巨大"和"数额特别巨大"的标准

《关于办理电信网络诈骗等刑事案件适用法律若干问题的意见》根据《最高人民法院、最高人民检察院关于办理诈骗刑事案件具体应用法律若干问题的解释》第一条的规定，利用电信网络技术手段实施诈骗，诈骗公私财物价值三千元以上、三万元以上、五十万元以上的，应当分别认定为刑法第二百六十六条规定的"数额较大""数额巨大""数额特别巨大"。同时规定，二年内多次实施电信网络诈骗未经处理，诈骗数额累计计算构成犯罪的，也应当依法定罪处罚。

如果实施电信网络诈骗犯罪，诈骗数额"接近"上述"数额巨大"或"数额特别巨大"的标准，同时具有以上十项"从重处罚"的情形之一的，应当分别认定为刑法第二百六十六条规定的"其他严重情节"或"其他特别严重情节"。这里的"接近"，一般应掌握在相应数额标准的百分之八十以上。

（3）采取了数额标准和数量标准并行的定罪方式

目前，诈骗分子使用现代通信工具和互联网技术实施电信网络诈骗犯罪，具有极大的隐蔽性，加大了侦查和取证的难度，因此实践中很难确定所涉及的诈骗数额。《关于办理电信网络诈骗等刑事案件适用法律若干问题的意见》充分注意到这一情况，采取了数额标准和数量标准并行的定罪方式，即可根据犯罪分子的诈骗数额，也可根据其实际拨打诈骗电话、发送诈骗信息的数量来定罪量刑[115]。

电信网络诈骗犯罪能确定数额的应当以诈骗罪（既遂）定罪处罚，刑法中的"犯罪既遂"是指故意犯罪的完成形态；如不能确定数额的应当按照数量标准以诈骗罪（未遂）定罪处罚，如发送诈骗信息五千条以上或者拨打诈骗电话五百人次以上，以及在互联网上发布诈骗信息，页面浏览量累计五千次以上，应当认定为刑法第二百六十六条规定的"其他严重情节"，以诈骗罪（未遂）定罪处罚。电信网络诈骗既有既遂，又有未遂，分别达到不同量刑幅度的，依照处罚较重的规定处罚；达到同一量刑幅度的，以诈骗罪既遂处罚。按照我国刑法的规定，犯罪未遂是指已经着手实行犯罪，由于犯罪分子意志以外的原因而未得逞的情形，因此"犯罪未遂"也是犯罪，可以比照既遂犯从轻或者减轻处罚。此项规定体现《刑法》中的"罪责刑相适应"原则。

另外，电信运营商、互联网企业、商业银行、第三方支付机构和银联等相关主体在打击电信网络诈骗犯罪中承担着不容回避的责任与义务，需要通过提高对相关主体责任的惩罚力度来实现强化监管的目的。根据现行的《中华人民共和国电信条例》《中华人民共和国反洗钱法》《中国人民银行关于进一步落实个人人民币银行存款账户实名制的通知（银发〔2008〕191号）》《中华人民共和国反恐怖主义法》等法律法规的规定，对不履行

---

[115] 王春晖. 解析办理电信网络诈骗适用法律若干问题的六大亮点 [EB/OL].[2016-12-24]. http://chuansong.me/ n/1381385446390.

主体责任的董事、高级管理人员和其他直接责任人的惩罚力度不够。以《中华人民共和国反恐怖主义法》为例：

首先，关于对金融机构和特定非金融机构人员的惩罚。《中华人民共和国反恐怖主义法》第八十三条规定，金融机构和特定非金融机构对国家反恐怖主义工作领导机构的办事机构公告的恐怖活动组织及恐怖活动人员的资金或者其他资产，未立即予以冻结的，由公安机关处二十万元以上五十万元以下罚款，并对直接负责的董事、高级管理人员和其他直接责任人员处十万元以下罚款；情节严重的，处五十万元以上罚款，并对直接负责的董事、高级管理人员和其他直接责任人员，处十万元以上五十万元以下罚款，可以并处五日以上十五日以下拘留。

其次，关于对电信业务经营者和互联网服务提供者的惩罚。《中华人民共和国反恐怖主义法》第八十四条规定，在三种情况下由主管部门对电信业务经营者和互联网服务提供者处以二十万元以上五十万元以下罚款，并对其直接负责的主管人员和其他直接责任人员处十万元以下罚款；情节严重的，处五十万元以上罚款，并对其直接负责的主管人员和其他直接责任人员，处十万元以上五十万元以下罚款，可以由公安机关对其直接负责的主管人员和其他直接责任人员，处五日以上十五日以下拘留。这三种情况分别是：一是未依照规定为公安机关、国家安全机关依法进行防范、调查恐怖活动提供技术接口和解密等技术支持和协助的；二是未按照主管部门的要求，停止传输、删除含有恐怖主义、极端主义内容的信息，保存相关记录，关闭相关网站或者关停相关服务的；三是未落实网络安全、信息内容监督制度和安全技术防范措施，造成含有恐怖主义、极端主义内容的信息传播，情节严重的。

可见，上述法律对不履行主体责任的董事、高级管理人员和其他直接责任人仅适用财产罚和行政罚，惩罚力度远远不够，建议修改相关法律，提高对相关责任人员的罚款上限，并在达到情节严重时适用刑法的相关规定。

3. 统一电信网络诈骗共犯的认定标准

电信网络诈骗犯罪多为共同犯罪，他们组织结构严密，内部职责分工明确，各司其职，有的负责拨打诈骗电话，有的负责编辑来电显示软件，但诈骗过程的各个环节相互独立，犯罪成员之间往往单线联系，彼此间互不认识。按照 2011 年"两高"颁布的《关于办理诈骗刑事案件具体应用法律若干问题的解释》第七条对共犯的规定："对明知他人实施诈骗犯罪，为其提供信用卡、手机卡、通信工具、通信传输通道、网络技术支持、费用结算等帮助的，以共同犯罪论处"。但是认定共同犯罪的前提是要明确共同犯罪中的主犯，并且共同犯罪人要明知为他人实施诈骗犯罪，并且能提供有效证据证明其与主犯有犯罪的意思联络。实践中往往因为犯罪的主观故意不能确认而放弃追责，从而在某种程度上纵容了犯罪行为。在当前电信网络诈骗犯罪高发的态势下，需要从严认定诈骗犯罪的共犯。只要能够认定行为人知道他人实施诈骗犯罪，或者是应当知道他人实施诈骗犯罪而提供帮助的，就应当以共同犯罪论处。对于公安机关抓获的电信网络诈骗团伙成员中冒用他人身份证件大批量办理各家银行的借记卡提供给诈骗团伙作为诈骗工具的开户人员、取款与转账的"马仔"、网络和电话的语音及技术支持人员等，都应当作为诈骗犯的共犯惩处。《关于办理电信网络诈骗等刑事案件适用法律若干问题的意见》对共犯和主观故意作出了以下规定。

（1）三人以上为实施电信网络诈骗犯罪而组成的较为固定的犯罪组织，应依法认定为诈骗犯罪集团。对组织、领导犯罪集团的首要分子，按照集团所犯的全部罪行处罚。对犯罪集团中的组织、指挥、策划者和骨干分子依法从严惩处。

（2）多人共同实施电信网络诈骗，犯罪嫌疑人、被告人应对其参与期间该诈骗团伙实施的全部诈骗行为承担责任。在其所参与的犯罪环节中起主要作用的，可以认定为主犯；起次要作用的，可以认定为从犯。

（3）明知他人实施电信网络诈骗犯罪，具有下列情形之一的，以共同犯罪论处，但法律和司法解释另有规定的除外：提供信用卡、资金支付结算账户、手机卡、通信工具的；非法获取、出售、提供公民个人信息的；制作、销售、提供"木马"程序和"钓鱼软件"等恶意程序的；提供"伪基站"设备或相关服务的；提供互联网接入、服务器托管、网络存储、通信传输等技术支持，或者提供支付结算等帮助的；在提供改号软件、通话线路等技术服务时，发现主叫号码被修改为国内党政机关、司法机关、公共服务部门号码，或者境外用户改为境内号码，仍提供服务的；提供资金、场所、交通、生活保障等帮助的；转移诈骗犯罪所得及其产生的收益，套现、取现的。

上述规定中关于"明知他人实施电信网络诈骗犯罪"，应当结合被告人的认知能力、既往经历、行为次数和手段、与他人关系、获利情况、是否曾因电信网络诈骗受过处罚、是否故意规避调查等主客观因素进行综合分析认定。

负责招募他人实施电信网络诈骗犯罪活动，或者制作、提供诈骗方案、术语清单、语音包、信息等的，以诈骗共同犯罪论处。部分犯罪嫌疑人在逃，但不影响对已到案共同犯罪嫌疑人、被告人的犯罪事实认定的，可以依法先行追究已到案共同犯罪嫌疑人、被告人的刑事责任。

同时，《关于办理电信网络诈骗等刑事案件适用法律若干问题的意见》坚持了全面惩处关联犯罪的原则，针对电信网络诈骗犯罪链衍生出的六类犯罪情形做出了定罪量刑的标准。

（1）非法使用"伪基站"和"黑广播"，干扰无线电通信秩序，符合刑法第二百八十八条规定的，以扰乱无线电通信管理秩序罪追究刑事责任；如果同时构成诈骗罪的，依照处罚较重的规定定罪处罚。

（2）向他人出售或者提供公民个人信息，窃取或者以其他方法非法获取公民个人信息，符合刑法第二百五十三条之一规定的，以侵犯公民个人信息罪追究刑事责任。使用非法获取的公民个人信息，同时实施电信网络诈骗犯罪行为，将施行"数罪并罚"。

（3）冒充国家机关工作人员实施电信网络诈骗犯罪的，将同时构成诈骗罪和招摇撞骗罪，依照处罚较重的规定定罪处罚。

（4）非法持有他人信用卡，即使没有证据证明从事电信网络诈骗犯罪活动，如果符合刑法第一百七十七条之一第一款第（二）项规定的，将以妨害信用卡管理罪追究刑事责任。

（5）明知是电信网络诈骗犯罪所得及其产生的收益，以予以转账、套现、取现的，依照刑法第三百一十二条第一款的规定，以掩饰、隐瞒犯罪所得、犯罪所得收益罪追究刑事责任。

《关于办理电信网络诈骗等刑事案件适用法律若干问题的意见》作出了比刑法第三百一十二条第一款字面含义更为广泛的解释，例举了五种应追究刑事责任的情形：一是通过使用销售点终端机具（POS 机）刷卡套现等非法途径，协助转换或者转移财物的；二是帮助他人将巨额现金散存于多个银行账户，或在不同银行账户之间频繁划转的；三是多次使用或者使用多个非本人身份证明开设的信用卡、资金支付结算账户或者多次采用遮蔽摄像头、伪装等异常手段，帮助他人转账、套现、取现的；四是为他人提供非本人身份证明开设的信用卡、资金支付结算账户后，又帮助他人转账、套现、取现的；五是以明显异于市场的价格，通过手机充值、交易游戏点卡等方式套现的。同时规定，实施上述行为，如果事前有通谋的，将以共同犯罪论处。

（6）网络服务提供者不履行法律、行政法规规定的信息网络安全管理义务，经监管部门责令采取改正措施而拒不改正，致使诈骗信息大量传播，或者用户信息泄露造成严重后果的，依照刑法第二百八十六条之一的规定，将以拒不履行信息网络安全管理义务罪追究刑事责任。

《刑法》修正案（九）明确规定，"网络服务提供者不履行法律、行政法规规定的信息网络安全管理义务，经监管部门责令采取改正措施而拒不改正，有下列情形之一的，处三年以下有期徒刑、拘役或者管制，并处或者单处罚金：（一）致使违法信息大量传播的；（二）致使用户信息泄露，造成严重后果的；（三）致使刑事案件证据灭失，情节严重的；（四）有其他严重情节的。

《关于办理电信网络诈骗等刑事案件适用法律若干问题的意见》专门针对金融机构、网络服务提供者、电信业务经营者等在经营活动中，违反国家有关规定，被电信网络诈骗犯罪分子利用，使他人遭受财产损失的，应依法承担相应的法律责任做出了具体规定。

4.1.5　完善电子证据的收集、认定规则

电信网络诈骗主要发生在信息空间中，其犯罪证据主要体现为电信、金融部门提供的电子证据，如通话记录、短信记录、涉案卡的开户资料、交易明细、银行监控录像等电磁记录，而非传统的证人证言、物证、书证等形式。尽管新的刑诉法将其列为与视听资料并列的证据种类，但由于没有规定相应的取证程序和采信规则，直接制约着电信网络诈骗犯罪打击的成效。

为适应当前打击电信网络诈骗犯罪的现状，需要出台相关电子证据制度。一是规范电子证据的收集主体。由于其专业性，应由公安机关网监技术人员或者是司法机关认定的专业资质机构的技术人员具体操作。二是明确电子证据的取证权利。应规范电子证据固定、保全的规则，注意收集书证、物证、视频资料、言词证据等常规证据，妥善保存电子证据资料，做好电子证据与常规证据的比对工作。三是避免因过分强调证据规则而弱化可证明空间，转变传统的证明习惯和旧有观念，完善针对电信网络诈骗新

类型犯罪的证据认定规则。

2016年9月，最高人民法院、最高人民检察院、公安部联合制定了《关于办理刑事案件收集提取和审查判断电子数据若干问题的规定》，对电子数据的收集与提取、移送与展示、审查与判断作出了明确规定，该规定于2016年10月1日起实施。该规定例举了四类电子数据信息和电子文件：一是网页、博客、微博、朋友圈、贴吧、网盘等网络平台发布的信息；二是手机短信、电子邮件、即时通信、通信群组等网络应用服务的通信信息；三是用户注册信息、身份认证信息、电子交易记录、通信记录、登录日志等信息；四是文档、图片、音视频、数字证书、计算机程序等电子文件。

"两高"规定指出：收集、提取电子数据应当由二名以上侦查人员进行，取证方法应当符合相关技术标准；在收集、提取电子数据过程中，办案人员可通过扣押、封存电子数据原始存储介质，计算电子数据的完整性校验值，制作、封存电子数据备份，冻结电子数据，对收集、提取电子数据的相关活动进行录像等方式方法对可作为证据使用的电子数据进行保护；对扣押的原始存储介质或者提取的电子数据，可以通过恢复、破解、统计、关联、比对等方式进行检查；对电子数据涉及的专门性问题难以确定的，由司法鉴定机构出具鉴定意见，或者由公安部指定的机构出具报告。

"两高一部"《关于办理电信网络诈骗等刑事案件适用法律若干问题的意见》对电信网络诈骗犯罪证据和事实的认定实现了突破[116]。一是考虑到因犯罪嫌疑人、被告人故意隐匿、毁灭证据等原因，致拨打电话次数、发送信息条数的证据难以收集的，可根据经查证属实的日拨打人次数、日发送信息条数，结合犯罪嫌疑人、被告人实施犯罪的时间，以及犯罪嫌疑人、被告人的供述等相关证据，综合予以认定。二是在考虑到电信网络诈骗案件被害人数众多，难以一一取证的实际情况，更考虑到，有些案件因

---

[116] 王勇．电信网络诈骗意见的亮点与遗憾[EB/OL].[2016-12-21].http://mp.weixin.qq.com/s?__biz=MjM5MDIyMTc2MA%3D%3D&idx=1&mid=2655416889&sn=a785effb3dfab08ef504b96fc2ec6b4f.

取证手段的局限无法找到被害人，但是账册、银行卡交易记录或者业绩单等客观性证据足以证实诈骗行为既遂。确因被害人人数众多等客观条件的限制，无法逐一收集被害人陈述的，可以结合已收集的被害人陈述，以及经查证属实的银行账户交易记录、第三方支付结算账户交易记录、通话记录、电子数据等证据，综合认定被害人人数及诈骗资金数额等犯罪事实。三是首次明确了境外司法机关获得证据的采信问题。明确规定依照国际条约、刑事司法协助、互助协议或平等互助原则，请求证据材料所在地司法机关收集，或通过国际警务合作机制、国际刑警组织启动合作取证程序收集的境外证据材料，经查证属实，可以作为定案的依据。公安机关应对其来源、提取人、提取时间或者提供人、提供时间以及保管移交的过程等作出说明。

4.1.6　及时返还和赔偿受害人损失

电信网络诈骗犯罪既是刑事犯罪，又涉及民事法律关系。我国《刑法》的第七十七条规定了先刑后民的原则，在犯罪嫌疑人被抓获、受到刑事责任的追究之前，被害人无法提起独立的民事诉讼。而对电信网络诈骗犯罪分子的侦查工作往往耗时很久，犯罪分子隐匿或藏身国外、分散内地，很难短时间内将其一网打尽，给结案侦破工作带来了很大的阻碍，尤其是受到经济损失的受害人往往要经历漫长的等待，一般要等到案件审理完毕后，根据判决书和相关政策才能返还相关款项。资金返还最快也得几个月，较长的可能要等待几年，还有的已经过去数年也无法取得赔付。因此，一味坚持"先刑后民"原则，被害人的权利难以得到及时救济，有的甚至因为案件没有破获，已被公安机关在案发后冻结的受害人汇出的款项也始终无法返还受害人。这些做法不能全面体现依法保护人民群众财产安全的立法本意，也容易引发新的社会问题[117]。因此，从有利于保护受害人的角度来看，公安机关在查清犯罪事实和被害人资金流向的同时，应当及时通知被害人，并及时实施资金返还。

2016 年 9 月 18 日，公安部、银监会联合颁布了《电信网络新型违法犯罪案件冻结资金返还若干规定》，对电信网络诈骗案件冻结资金的返还事项做出了详细的规定。规定要求以"溯源返还"为原则，由公安机关针对三种不同情况采取相应的返还方式。一是如果冻结账户内仅有单笔汇（存）款记录，并可直接溯源被害人，则将资金直接返还被害人；二是如果冻结账户内有多笔汇（存）款记录，按照时间戳记载可以直接溯源被害人，则将资金直接返还被害人；三是如果冻结账户内有多笔汇（存）款记录，按照时间戳记载无法直接溯源被害人，则按照被害人被骗（盗）金额占冻结在案资金总额的比例返还。如果被害人以现金方式、通过 ATM 或柜台存入涉案账户内，若涉案账户交易明细账中的存款记录与被害人笔录核对相符，可依照上述办法采取相应的返还措施。

为了及时挽回由于电信网络诈骗给受害者造成的财产损失，《关于办理电信网络诈骗等刑事案件适用法律若干问题的意见》明确了涉案赃款和涉案赃物的三项处理规则。一是公安机关侦办电信网络诈骗案件，必须随案移送涉案赃款赃物，并附清单。人民检察院提起公诉时，应当一并移交受理案件的人民法院，同时就涉案赃款赃物的处理提出意见。二是涉案银行账户或者涉案第三方支付账户内的款项，对权属明确的被害人的合法财产，必须及时返还。三是确因客观原因无法查实全部被害人，但有证据证明该账户系用于电信网络诈骗犯罪，且被告人无法说明款项合法来源的，根据刑法第六十四条的规定，应认定为违法所得，也予以追缴。

---

[117] 崔明镜. 电信诈骗犯罪的防范对策研究[D]. 广东外语外贸大学硕士论文，2015 年.

4.1.7　有效解决受害人救济中的法律适用问题

电信网络诈骗的受害人除依据《民法通则》及《侵权行为法》向电信运营商及银行提起民事诉讼，要求其单独或连带承担民事赔偿责任外，还可以选择依据《消费者权益保护法》及《中华人民共和国商业银行法》等相关法律规定提起诉讼，要求民事赔偿。对于民事诉讼中举证责任划分、赔偿金额认定等方面存在的困难，建议出台相关的司法解释细化实施细则。同时，电信网络诈骗的受害人很难在民事诉讼中调取电信运营商及银行的交易明细、账户信息、业务办理录像等关键物证，建议参照新修改的《消费者权益保护法》中关于举证责任倒置的规定，在电信网络诈骗犯罪相关民事诉讼中实行举证责任倒置，把本来应该由受害人承担的举证责任合理地分配给电信运营商和银行，此类民事诉讼的举证方式应当突破"谁主张、谁举证"的一般举证规则，这将对电信网络诈骗相关民事维权案件产生重大影响，提高受害人胜诉的几率，实现对电信网络诈骗受害人的有效救济。

4.1.8　明确案件的管辖权

由于电信网络诈骗犯罪区域的无限性和犯罪地域管辖的有限性，司法机关在追诉、惩罚此类犯罪过程中面临的一个经常性的困惑是如何确定案件管辖权。对此，《关于办理电信网络诈骗等刑事案件适用法律若干问题的意见》规定了八类电信网络诈骗犯罪案件的管辖原则，即除一般情况由犯罪地公安机关立案侦查，或由犯罪嫌疑人居住地公安机关立案侦查外，对因网络交易、技术支持、资金支付结算等关系形成多层级链条、跨区域的电信网络诈骗等犯罪案件的管辖，多个公安机关都有权立案侦查案件的管辖，在境外实施的电信网络诈骗等犯罪案件的管辖以及公安机关立案、并案侦查，或因有争议案件的管辖等问题做出了详细的规定。

《关于办理电信网络诈骗等刑事案件适用法律若干问题的意见》明确规定，犯罪行为发生地和犯罪结果发生地均属于犯罪地，前者包括用于电信网络诈骗犯罪的网站服务器所在地，网站建立者、管理者所在地，被侵害的计算机信息系统或其管理者所在地，犯罪嫌疑人、被害人使用的计算机信息系统所在地，诈骗电话、短信息、电子邮件等的拨打地、发送地、到达地、接收地，以及诈骗行为持续发生的实施地、预备地、开始地、途经地、结束地；后者包括被害人被骗时的所在地，以及诈骗所得财物的实际取得地、藏匿地、转移地、使用地、销售地等。为了联合应对和打击重大疑难复杂案件和境外案件，要求公安机关应在指定立案侦查前，向同级人民检察院、人民法院通报[118]。

4.2 建立跨界联动的综合监管治理机制

4.2.1 严格落实电话卡"实名制"

1. 目前"实名制"背后的"记名制"

早在 2010 年工业和信息化部就宣布实施手机用户实名登记制度，2012年 12 月全国人大常委会颁布了《关于加强网络信息保护的决定》，将公民个人电子信息保护和电话用户实名制纳入法律层面。2013 年 7 月，工信部制定出台了《电信和互联网用户个人信息保护规定》和《电话用户真实身份信息登记规定》。2015 年年初，工信部、公安部、国家工商总局联合印发了《电话"黑卡"治理专项行动工作方案》，在全国范围内联合展开为

---

[118] 王春晖. 解析办理电信网络诈骗适用法律若干问题的六大亮点 [EB/OL].[2016-12-24]. http://chuansong.me/n/ 1381385446390.

期一年的"黑卡"治理专项行动。2015 年 12 月 27 日全国人大常委会通过了《反恐怖主义法》，该法第二十一条规定："电信、互联网、金融、住宿、长途客运、机动车租赁等业务经营者、服务提供者，应当对客户身份进行查验。对身份不明或者拒绝身份查验的，不得提供服务。"该法第八十六条规定："电信、互联网、金融业务经营者、服务提供者未按规定对客户身份进行查验，或者对身份不明、拒绝身份查验的客户提供服务的，主管部门应当责令改正。"上述法律规定为电话用户需要进行实名登记工作提供了法律层面的保障。

尽管国家已经制定了相关的法律规定，但有的电信企业在实施过程中还没有把电话实名制真正落实到位，重视程度远远不够。对于电信运营商来说，推行存量电话卡实名制不仅成本高，也不利于维系客户关系，在庞大的存量用户数量面前显得力不从心。在国家实行实名制之前，各大运营商为了发展用户，普遍降低客户办理手机卡的门槛，特别是为了提升用户数量将大量的手机卡销售任务层层转包，代理渠道管理十分混乱，最后手机卡的办理业务从营业厅逐步发展到了街头报刊亭、马路流动人员手中，这些人为了追求经济利益，基本没有落实手机实名登记制度，而且大多数电话卡都是用他人的身份证开户或冒用他人的身份证开户，这种现象在全国极为普遍。另据调查，以往每年的 7、8 月，大学新生收到的录用通知书中一般会含有三张三大运营商提供的该考生的实名电话卡，里面甚至还有少量话费，而一个学生根本不需要同时使用这三张卡，因此其他的卡很可能会流入卡贩子手中。2011 年，工信部曾发布《关于规范基础电信运营企业校园电信业务市场经营行为的意见》，明确要求，电信运营商在开展校园营销时不得与学校签订排他性协议，或者是在录取通知书中夹寄手机卡等。但是由于以上"意见"没有法律的强制力，部分电信运营商在录取通知书中夹寄手机卡的现象时有发生。因此，上述情形导致一大批"有名无实"的所谓"实名制"手机卡仍在使用之中。

自 2014 年移动转售业务启动，部分虚拟运营商通过线上渠道吸引用户效果不理想，为盲目追求用户数量，便利用线下渠道养卡，即兜售给卡贩子，由此也滋生了非实名卡、黑卡等乱象。由于许多虚拟运营商缺乏销售渠道，依靠单纯的线上渠道很难发展规模用户，只能靠线下的卡商、卡贩来分销。此外，虚拟运营商为吸引用户推出了大量低资费套餐。这种低资费门槛和无需身份识别的号卡，吸引了大量将手机作为宣传和诈骗工具的广告主和诈骗分子，一时间，170/171 成为诈骗电话的代名词。目前国内已经出现了几十家虚拟电信运营商，消费者只需要上传一张身份证照片并进行支付，虚拟运营商就通过快递把手机卡寄到消费者手中，根本无法核对手机卡购买者身份信息的真伪。

因此，由于电信企业技术和管理上的缺陷，导致电话"实名制"的背后充其量只是"记名制"，即电话卡"实名"制的背后并不是使用者本人。

2. 严格电话卡"实名制"登记制度

实施真实的电话卡实名制度，在发生电信网络诈骗案件时，公安机关可以在第一时间通过手机卡确定不法分子的真实身份，为尽快抓获犯罪分子、挽回受害人损失争取了时间，一定程度上可遏制某些电信网络诈骗犯罪的发生。因此，需要采取措施严格的真实电话卡实名登记制度。

（1）电话卡全部实行真实的实名制。目前，电信企业报告说电话卡实名制率已经达到95%以上，但是否达到这个比率均没有官方数据，即使是达到95%，剩下5%的数量也很惊人。我们也经常看到，公安机关在查获诈骗团伙窝点时能搜出上千张的电话卡，因此必须严格做到 100%的实名制。为了指导和督促基础电信运营企业落实国家法律及工信部关于电话用户实名登记有关政策要求，夯实企业的主体责任，2017 年 2 月 4 日，工信部与三大基础电信企业集团公司签署了《电话用户实名登记责任承诺书》，工信部要求三大企业集团公司承诺持续从严做好电话用户实名登记工作，对违反实名登记要求的各级公司和责任人依法依规从严进行问责。

对依照有关法律法规必须实名制登记的电话卡，电信企业应当进行拉网式排查，尤其要清理历史遗留的实名登记者和使用者不一致的电话卡，保证登记者与使用者两者统一对应。对于长期异地使用的电话卡，且发送短信和拨打电话超出正常状态的电话卡，要通过技术手段实施监控分析。对落实不力的责任单位和个人要责令限期整改，限期不整改的或已经造成当事人损失的必须依法追究有关单位和责任人的法律责任。

（2）严格落实实名登记制度。要明确电话用户实名查验与登记制度的实质性审查制度，公安、工商、质监等相关部门应当切实履行配合义务，对电信企业在核实电话用户的真实身份信息时，给予高效和无偿的支持。在技术手段上，需要提高冒用身份证、假身份证的防范能力，增强实名认证技术和风险防控手段，充分利用人脸识别、联网比对、混合审核等高效的人工智能技术来取代传统的登记方式。同时规定用户在电信运营商开户办理电话卡时，必须按照要求提供本人法定身份证件、制作本人摄像并预留本人指纹，建议电信运营商按照以上"三位一体"的开户流程对用户进行实名登记。对没有有效证件或者证件不是本人的，坚决杜绝放任办卡。原则上不接受电话卡委托办理业务，有特殊原因非要委托办理的，需要出具相关公证等材料，从严审核。同时，推行对电信运营商违反规定开户实行法律责任追究制度，从源头上抑制和减少电信网络诈骗行为的发生。

（3）严格电话卡转让制度。应当明确规定电话用户一个有效证件最多能办理规定数量的电话卡，而且规定电话用户不能私自转让已经实名登记的手机卡，如果私下转让必须经过实名过户登记，否则一旦新的持卡人利用该手机卡从事违法行为，原持卡人将承担连带民事责任。持卡人如果手机被盗或遗失，应当及时按规定销号，不给犯罪分子以可乘之机。对于非法提供他人手机卡从事诈骗活动，构成犯罪的应当追究刑事责任。

（4）严格身份证管理制度。作为配套措施，身份证管理必须加强，否则违法分子仍可以冒用身份证获取电话卡。2016 年 10 月 6 日，公安部副部长黄明在调研贯彻落实八部门联合发布的《关于规范居民身份证使用管理的公告》情况时，走访中国银行营业网点时表示，公安部已建成失效居民身份证信息系统并于近日上线试运行，将在银行试点后提供给社会各用证部门，与现有的公民身份信息系统进行联网核查。这意味着，身份证报失后将即时失效，无法再继续使用，确保居民身份证的使用安全。同时，公安部将进一步深化与社会各用证部门的联动机制，建立冒用身份证人员黑名单制度，加大对冒用违法犯罪行为的防范打击力度，健全对不履行人证一致性核查责任用证单位的责任追究，强化公民个人信息安全保护，切实维护公民的合法权益。

2016 年 9 月 23 日，《关于防范和打击电信网络诈骗犯罪的通告》明确指出，"电信企业要严格落实电话用户真实身份信息登记制度，确保到 2016 年 10 月底前全部电话实名率达到 96%，年底前达到 100%。在规定时间内未完成真实身份信息登记的，一律予以停机。要立即开展一证多卡用户的清理，对同一用户在同一家基础电信企业或同一移动转售企业办理有效使用的电话卡达到 5 张的，该企业不得为其开办新的电话卡。对违规经营的各级代理商责令限期整改，逾期不改的一律由相关部门吊销执照，并严肃追究民事、行政责任"。

2016 年 11 月工信部进一步细化和落实了《关于防范和打击电信网络诈骗犯罪的通告》，出台了《关于进一步防范和打击通讯信息诈骗工作的实施意见》，明确提出需从严从快全面落实电话用户实名制。

首先，要加快完成未实名电话存量用户身份信息补登记工作，对 170、171 号段全部用户各移动转售企业要进行回访和身份信息确认，对未登记或登记信息错误的用户进行补登记。

其次，从严做好新入网电话用户实名登记工作，确保电话用户登记信息真实、准确、可溯源。为新用户办理入网手续时，要严格落实用户身份证件核查责任，采取二代身份证识别设备、联网核验等措施验证用户身份信息，并现场拍摄和留存办理用户照片。通过网络渠道发展新用户时，要采取在线视频实人认证等技术方式核验用户身份信息。

再次，强化行业卡的实名登记管理制度。基础电信企业和移动转售企业要对已经在网使用的行业卡实名登记情况进行重新核实，对未登记或登记信息错误的用户进行补登记，2016 年年底前实名率达到 100%。对新办理使用行业卡的，要从严审核行业用户单位资质、所需行业卡功能、数量及业务量，按照"功能最小化"原则，屏蔽语音、短信功能，并充分利用技术手段对行业卡使用范围（包括可访问 IP 地址、端口、通话及短信号码等）、使用场景（如设备 IMEI 与号卡 IMSI 一一对应）等进行严格的限制和绑定。原则上新增的行业卡必须使用 13 位专用号段，并通过专用网络承载相关业务，特殊情况下需使用 11 位号段且开通无限制的语音功能的，必须按照公众移动电话用户进行实名登记。

按照"谁发卡、谁负责"的原则，各基础电信企业和移动转售企业要加强对行业卡使用情况的监测和管控，严禁二次销售和违规使用行业卡。对未采取有效监测和管控措施，致使行业卡被倒卖或被用于非行业用户的，从严追究相关企业和负责人的责任。

工信部《关于进一步防范和打击通讯信息诈骗工作的实施意见》提出，要严格落实代理渠道电话实名制管理制度。该实施意见明确要求：各基础电信企业和移动转售企业要进一步严格代理渠道准入，强化代理商资质审核，严格禁止代理渠道擅自委托下级代理。建立委托代理渠道电话入网和实名登记违规责任追究制度，各基础电信企业集团公司要签订电话实名制责任承诺书，各企业应当建立内部问责机制，对出现不登记、虚假登记、批量开卡、"养卡"等违规行为的代理渠道，一经发现立即取消其代理资格，纳入委托代理渠道黑名单，并从严追究相关基础电信企业省级公司相关部门和负责人的责任。各通信管理局要在 2016 年 11 月底前组织电信企业完善委托代理渠道黑名单制度，对纳入黑名单的渠道和个人，各电信企业不得委托其办理电话入网和实名登记手续。

4.2.2　整顿和规范重点电信业务

重点电信业务如语音专线和"400""一号通""商务总机"等存在着主体信息不登记、虚假登记、登记信息不完整、未登记使用用途或者实际用途与登记用途不符合、资质不符或者存在其他不符合业务运营和使用规范、外呼业务管理不规范、向个人用户违规提供以及其他违规出租使用等情形，这些情形给不法分子创造和提供了作案的便利条件。《关于进一步防范和打击通讯信息诈骗工作的实施意见》提出要大力整顿和规范以上重点电信业务。

全面开展存量用户自查清理。2016 年 11 月底前，各基础电信企业全面完成语音专线和"400""一号通""商务总机"等存量重点电信业务的排查清理，对出现的问题督促用户限期整改，对于问题严重、拒不整改或未按要求整改的，一律依法予以取缔。2016 年 11 月底前，各基础电信企业将上述重点电信业务的自查清理情况书面报部及所在地通信管理局。

从严加强新用户入网审核和管理。一是严格申请主体资格。语音专线和"400""一号通""商务总机"等重点电信业务的申办主体必须为单位用户，严禁发展个人用户。二是严格办理渠道。用户必须在基础电信企业自有实体渠道申请办理上述重点电信业务，并由基础电信企业负管理责任，严禁代理渠道或网络渠道代为办理。三是严格资质核验。申请用户应当提供单位有效证照（企业用户应当提供营业执照，政府部门、事业单位、社会团体用户应当提供组织机构代码证）、法定代表人的有效身份证件、申请单位办理人的有效身份证件，属申请资源经营电信业务的，要同时提供相应的电信业务许可证。基础电信企业要严格核验、登记与留存上述证照信息以及业务使用用途。四是严格申请数量。同一用户在同一基础电信企业全国范围内申请"400""一号通""商务总机"等重点业务号码，每类原则上不得超过 5 个。五是严格台账管理。各基础电信企业集团公司和各省级公司在 2016 年年底前分别建立上述重点电信业务统一台账，并动态更新管理，确保监管部门可随时依法查询用户的登记情况、使用状态和业务变更记录。

从严加强业务外呼管理。一是严格外呼审批。用户申请"400""商务总机"外呼以及自带 95、96 等字头短号码通过租用语音专线开展外呼的，必须由基础电信企业省级及以上公司从严审批并负管理责任，业务合同中必须明示允许的外呼号码或号段以及外呼用途、时段、频次等。新增"一号通"一律禁止外呼。二是建立外呼白名单制度。各基础电信企业允许外呼的上述重点电信业务号码必须为本网实际开通的、属本企业分配的号码或号段，并统一纳入白名单管理，对白名单以外的外呼号码一律进行拦截。通过本网中继外呼时，严禁使用它网的固定、移动用户号码或"400"等业务号码。

强化业务合同责任约束。各基础电信企业要进一步强化上述重点电信业务合同约束，细化责任条款，明确规定发现冒用或伪造身份证照、违法使用、违规外呼、呼叫频次异常、超约定用途使用、转租转售、被公安机关通报以及用户就上述问题投诉较多等情况的，核实确认后，一律终止业务接入。2016 年年底前，各基础电信企业要与存量用户全部补签订相关责任条款。

建立健全业务使用动态复核机制。2016 年年底前，各基础电信企业要采取必要的管理与技术措施，建立随机拨测、现场随机巡检、用户资质年度复核等制度，加强对重点电信业务使用的动态管理。发现违规使用的，依据相关管理规范和业务协议从严从重处置，并通报通信管理部门依法依规处理，涉嫌违法犯罪的通报公安机关。

4.2.3　严厉整治网络改号

电信网络诈骗犯罪中，不法分子往往会使用国际改号呼叫，冒充境外虚假国际电话，以及伪造国内公检法和党政部门便民电话的虚假主叫号码来进行诈骗。《关于进一步防范和打击通讯信息诈骗工作的实施意见》专门提出必须严格整治网络改号问题。

严格规范号码传送和使用管理。一是严格防范国际改号呼叫。各基础电信企业要对从境外诈骗电话来话高发区输入的国际来话进行重点管理甄别，在国际通信业务出入口局一律进行拦截。对"86"等不规范国际来话，以及伪造国内公检法和党政部门的虚假主叫号码，在国际通信业务出入口局一律进行拦截。对携带"通用号码"的来话，在国际通信业务出入口局和国内网间互联互通关口局将其"通用号码"信息一律予以删除。二是严格规范主叫号码传送。落实号码传送行业规定和有关行业标准。禁止违规传送主叫号码为空号或设置主叫号码禁显的呼叫。各基础电信企业在网间关口局对不符合号码管理、网间互联规定和标准的违规呼叫、违规号码一律进行拦截。从严管理语音专线呼叫转移业务功能，确需开通的，应当由基础电信企业集团公司统一审核并建立台账；各基础电信企业要在2016年11月底前全面完成已经开通的语音专线呼叫转移功能排查清理。三是严格号码使用管理。号码使用者应当严格遵循号码管理的各项规定，按照通信管理部门批准的地域、用途、位长格式规范使用号码，禁止转让。四是提升网络改号电话发现处置能力。各基础电信企业要会同国家计算机网络与信息安全管理中心等单位，开展网络改号电话检测技术研究，进一步提升对网络改号电话的监测、发现、拦截、处置能力。

全面落实语音专线主叫鉴权机制。2016年年底前，各基础电信企业语音专线主叫鉴权比例按规范达到100%，对未按规范进行主叫鉴权的呼叫一律拦截。同时，建立主叫呼叫过程的鉴权日志留存和稽核等机制，发现传送非业务合同约定的主叫号码的语音专线一律关停，对存在私自转接国际来电、为非法 VoIP 和改号电话提供语音落地、转租转售等严重问题的专线用户，应全面终止与其合作，并报通信管理部门依法依规处理。

建立网络改号呼叫源头倒查和打击机制。严禁违法网络改号电话的运行、经营。对用户举报以及公安机关通报的网络改号电话等，通信管理部门组织基础电信企业联动倒查其话务落地源头，对为改号呼叫落地提供电信线路等资源的单位或个人，立即清理停止相关电信线路接入；涉及电信企业的，依法予以处理，并严肃追究相关部门和人员的管理责任；涉嫌违法犯罪的通报公安机关。各基础电信企业要建立健全内部快速倒查机制，设立专人负责工作对接，并按照通信管理部门规定时限要求留存信令数据。基础电信企业因规定的信令留存时限不满足等自身原因致使倒查工作无法开展的，作为改号电话呼叫来源责任方。

坚决清理网上改号软件。2016 年 11 月底前，相关互联网企业要通过关键词屏蔽、软件下架、信息删除和账户封停等方式，对网站页面、搜索引擎、手机应用软件商城、电商平台、社交平台上的改号软件信息进行深入清理，切断下载、搜索、传播、兜售改号软件的渠道。

4.2.4　强化电信技术规范和拦截

电信网络诈骗犯罪作案的对象一般有两大类：一是面向整个电话用户，诈骗行为的实施并不是针对特定对象，而是广泛撒网、随机捕捞的形式，等待防范电信网络诈骗意识薄弱的受害者上钩；二是面向掌握受害群体特定信息的对象进行精准诈骗。犯罪分子一般利用非法获取的其他公民"电话卡"或利用电信网络特定技术或服务，例如"伪基站""虚拟运营商号段""商务总机""一号通""400""来电任意显""170 虚拟电话""网络改号"等，与被害人直接联系，使得犯罪得逞后公安机关追查犯罪分子的活动十分困难[119]。

电信网络诈骗的通话具有明显的特点，如频繁拨打、短时拨打，或者使用非正常的主叫号码。一般可通过用户终端号码标注功能、运营商拦截平台和设备企业技术升级来实现拦截电信网络诈骗电话，提升打击电信网络诈骗的能力。

首先，终端诈骗和骚扰电话标注应用在 Android 系统上已经拥有很大的用户群，苹果 iOS 10.0 版本也开放了诈骗和骚扰电话标注功能，应大力宣传和推广这些终端应用 APP。

其次，运营商拦截平台建设应成为源头上阻止犯罪发生的主要技术实现手段。2016 年 9 月 7 日，中国移动在内蒙古设立的首个诈骗电话预警系统开始面向内蒙古范围内的中国移动手机用户提供预警服务。用户开通使用后，无需下载安装客户端，任何手机终端均可无门槛使用。据介绍，该系统依托大数据技术，将公安机关接报的涉骗电话号码录入系统，并进行技术拦截和标记。同时，该系统还可以针对一定时段诈骗分子使用的"170""171"虚拟运营商号段，以及使用"400"号码冒充金融保险等公共服务号进行诈骗的情况，设置拦截预警。目前，该系统中已标记诈骗电话 4 亿多个，日均活跃诈骗电话 230 万个。

江苏省通信管理局联合省公安厅出台了江苏省恶意电话拦截机制，及时阻断诈骗、骚扰等恶意电话，切实保障江苏省正常的通信秩序，有效减少电信网络诈骗案件的发生。目前，江苏省各基础电信运营企业正在抓紧拦截平台建设和机制落实工作，部分网络已具备智能拦截能力，仅 2016 年 3 月，已拦截境内外各类诈骗电话呼叫 20.4 万余次、骚扰电话呼叫 97.4 万余次。

目前，省市两级电信网络诈骗预警平台已经取得良好的效果，但是由于电信网络诈骗的全网性，省市两级电信网络诈骗预警平台的工作范围仍

---

[119] 易正鑫，王秋庆，柯萌. 防范电信诈骗的技术手段[J]. 同行，2015（9）：151.

有局限性，有必要在中央层面统筹相关部门和基础电信企业，在全国范围内建立专门的电信网络诈骗电话拦截平台，有效识别并拦截网络改号诈骗电话和境外诈骗电话，有效汇总共享涉案电话信息并快速通报关停，从源头上减少电信网络诈骗犯罪的发生。

再次，电信运营企业的技术升级，也对防范电信网络诈骗有着重要作用。电信网络诈骗的目标是有利可图，当技术的提高导致电信网络诈骗技术的成本不断增加时，这种诈骗活动自然就会消失。例如，利用"伪基站"实施电信网络诈骗，如果面对双向鉴权机制的 3G、4G 网络就无计可施，只能通过加大功率强制降频到 2G 实施犯罪活动。因为 4G 网络适用的 USIM 卡采用双向鉴权机制，而 SIM 卡是单向的，仅支持单个逻辑应用。在电信设备的功能日趋稳定的今天，"伪基站"诈骗在 3G、4G 普及的地区已经大为减少。

工信部《关于进一步防范和打击通讯信息诈骗工作的实施意见》提出，要不断提升技术防范和打击能力。首先，抓紧完成企业侧技术手段建设。各基础电信企业要按照部《关于进一步做好防范打击通讯信息诈骗相关工作的通知》（工信部网安函〔2015〕601 号）以及《基础电信企业防范打击通讯信息诈骗不良呼叫号码处置技术能力要求》（工信厅网安〔2016〕143 号）的相关要求，在 2016 年年底前全面建成防范打击电信网络诈骗业务管理系统和用户终端侧安全提示服务两类技术手段，2017 年 3 月底前全面建成网内和网间不良呼叫号码监测处置系统，综合运用多种技术手段持续提升企业侧技术防范打击能力。其次，要进一步打击"伪基站""黑广播"。各地无线电管理机构要充分发挥技术优势，进一步提升对"伪基站""黑广播"的监测定位、逼近查找等技术支持能力，完善与公安、广电、民航、工商等相关部门的重大案件情况通报机制，积极配合做好"伪基站""黑广播"的查处打击工作。

4.2.5　严格银行卡"实名制"

电信网络诈骗分子诈骗能够得逞的另一个重要原因是利用了商业银行对银行卡管理中的漏洞。犯罪分子往往使用多数第三人姓名或者利用虚假身份证或他人遗失的身份证开设银行卡账户，以及通过网络购买不特定人群开设的各类银行账户，接收汇款后并迅速转账，在异地通过 ATM 机提现，随即隐匿踪迹，这是犯罪分子实施反侦查以逃避打击的惯用手段。

早在 2000 年 3 月国务院就颁布了《个人存款账户实名制规定》，要求任何单位、个人在金融机构开办账户都必须采用真实姓名。2008 年 6 月 20 日中国人民银行专门发布了《关于进一步落实个人人民币银行存款账户实名制的通知》（银发〔2008〕191 号），要求各银行、金融机构全面落实个人银行账户实名开户工作，要求存款人开设各类个人银行账户时，必须提供真实、合法和完整的有效证明文件，账户名称与提供的证明文件中的存款人名称必须一致。

在实际操作中，各商业银行出于经济利益和行业竞争的需要，在开户时往往把关不严，用于电信网络诈骗的银行账户几乎全部是虚假开户、非实名开户或者利用第三人代开户，这类现象已经存在多年。诈骗分子筹集银行卡的办法主要有[120]：（1）从各种包工队那里以一百元一个月左右的价格批量租用身份证，然后到银行申办银行卡，一人代办几百张银行卡；（2）用一张身份证办多个银行账户，有人竟用一张身份证到银行开设了几百个账户；（3）使用捡来、偷来或伪造的身份证办理银行卡；（4）向专门对外违规销售银行卡的公司购买银行卡。鉴于电信网络诈骗需要大量的银行卡，因此有人专门做起了银行卡批发的生意，出现了专卖银行卡的"黑公司"。银行开户审查不严、实名制不"实"给诈骗分子留下了可乘之机，

---

[120] 叶俊，周治国. 深度警银合作：电信诈骗犯罪的有效阻击点[J]. 上海公安高等专科学校报，2009（6）：75-78.

造成公安机关在侦查工作中无法依据资金流向有效开展侦破工作，给破案工作带来了极大的难度。

商业银行应当严格履行主体责任，严格执行国务院《个人存款账户实名制规定》以及中国人民银行关于实名制的有关规定，要求开户申请人必须出示本人身份证件进行核对，并对身份证件上的姓名和号码进行登记。银行应充分利用联网核查系统、身份证防伪鉴别仪以及其他特定的技术手段和渠道，并进一步加强与公安机关等单位的合作，提高对居民身份证真伪的识别能力。在利用联网核查系统对居民身份证进行核查的过程中，如果出现居民身份证的个人姓名、身份证号码、照片和签发机关中的一项或多项核对不一致且能够判断客户出示的居民身份证为虚假证件，银行应拒绝为该客户办理相关业务。如果出现信息不一致但又无法确切判断为虚假证件的，则应按照《银行业金融机构联网核查公民身份信息业务处理规定》的要求，分别根据不同情况进行操作，切实杜绝冒用他人身份开户情况的发生。

六部委《关于防范和打击电信网络诈骗犯罪的通告》明确要求，任何单位和个人不得出租、出借、出售银行账户（卡）和支付账户，构成犯罪的依法追究刑事责任。自 2016 年 12 月 1 日起，同一个人在同一家银行业金融机构只能开立一个 I 类银行账户，在同一家非银行支付机构只能开立一个III类支付账户。自 2017 年起，银行业金融机构和非银行支付机构对经设区市级及以上公安机关认定的出租、出借、出售、购买银行账户（卡）或支付账户的单位和个人及相关组织者，假冒他人身份或虚构代理关系开立银行账户（卡）或支付账户的单位和个人，5 年内停止其银行账户（卡）非柜面业务、支付账户所有业务，3 年内不得为其新开立账户。

2016 年 9 月 30 日，中国人民银行发布《关于加强支付结算管理防范电信网络新型违法犯罪有关事项的通知》，要求加强账户实名制管理。除了重申《关于防范和打击电信网络诈骗犯罪的通告》全面推进个人账户分类管理以及建立对买卖银行账户和支付账户、冒名开户的惩戒机制外，作出如下规定。

一是暂停涉案账户开户人名下所有账户的业务。自 2017 年 1 月 1 日起，对于不法分子用于开展电信网络新型违法犯罪的作案银行账户和支付账户，经设区的市级及以上公安机关认定并纳入电信网络新型违法犯罪交易风险事件管理平台"涉案账户"名单的，银行和支付机构应当中止该账户的所有业务。银行和支付机构应当通知涉案账户开户人重新核实身份。

二是建立单位开户审慎核实机制。对于被全国企业信用信息公示系统列入"严重违法失信企业名单"，以及经银行和支付机构核实单位注册地址不存在或者虚构经营场所的单位，银行和支付机构不得为其开户。银行应当对法定代表人或者负责人面签并留存视频、音频资料等，开户初期原则上不开通非柜面业务，待后续了解后再审慎开通。

三是加强异常开户行为的审核。对单位和个人身份信息存在疑义，要求出示辅助证件，单位和个人拒绝出示的、单位和个人组织他人同时或者分批开立账户的、有明显理由怀疑开立账户从事违法犯罪活动的，银行和支付机构有权拒绝开户。

四是严格联系电话号码与身份证件号码的对应关系。对多人使用同一联系电话号码开立和使用账户的情况进行排查清理，联系相关当事人进行确认。对于成年人代理未成年人或者老年人开户预留本人联系电话等合理情形的，由相关当事人出具说明后可以保持不变；对于单位批量开户，预留财务人员联系电话等情形的，应当变更为账户所有人本人的联系电话；对于无法证明合理性的，应当对相关银行账户暂停非柜面业务，支付账户暂停所有业务。

4.2.6　严格管理和杜绝银行卡滥发

在电信网络诈骗犯罪中，不管其诈骗术语、诈骗手段如何变化，最终都要由银行卡进行资金转付。从以往破获的案件来看，犯罪分子往往需要使用数十张银行卡，其中一张用于接收受骗者的转款，其余的银行卡为其分散资金进行掩护，最终实现在自动取款机提现。这一过程的实施需要犯罪团伙掌握大量银行卡，因此，大量收售银行卡或者是冒用他人身份证从全国各地银行办出银行卡就成为电信网络诈骗犯罪的必要环节。

当前，商业银行之间的恶性竞争非常激烈，为了争取更大的业务量，大量发行银行卡，在非理性竞争的环境下导致大量的银行卡泛滥发行。一张身份证在同一家商业银行可以无限制地开设银行卡，并且在转账次数和金额等方面也缺乏限制，使得犯罪分子有足够的银行卡用于作案行骗，这不能不说是银行卡泛滥的一个恶果。因此，应当严格控制同一客户在同一商业银行开立借记卡的数量，取缔滥发银行卡、违规办理银行卡、违法收售银行卡等违法行为。同时，加强银行卡业务管理，规范受理终端管理，严禁任何单位和个人在网上买卖 POS 机等终端设备。

《关于防范和打击电信网络诈骗犯罪的通告》明确要求，各商业银行要抓紧完成借记卡存量清理工作，严格落实"同一客户在同一商业银行开立借记卡原则上不得超过 4 张"等规定。对经设区市级及以上公安机关认定为被不法分子用于电信网络诈骗作案的涉案账户，将对涉案账户开户人名下的其他银行账户暂停非柜面业务，支付账户暂停全部业务。

《关于加强支付结算管理防范电信网络新型违法犯罪有关事项的通知》要求商业银行严格审核特约商户资质，规范受理终端管理。任何单位和个人不得在网上买卖 POS 机（包括 MPOS）、刷卡器等受理终端。银行和支付机构应当对全部实体特约商户进行现场检查，逐一核对其受理终端的使用地点。对于违规移机使用、无法确认实际使用地点的受理终端，一律停止业务功能。银行和支付机构应当于 2016 年 11 月 30 日前形成检查报告备查。建立健全特约商户信息管理系统和黑名单管理机制。对同一特约商户或者同一个人控制的特约商户反复更换服务机构等异常状况的，银行和支付机构应当审慎为其提供服务。因存在重大违规行为被银行和支付机构终止服务的特约商户及其法定代表人或者负责人、公安机关认定为违法犯罪活动转移赃款提供便利的特约商户及相关个人、公安机关认定的买卖账户的单位和个人等，列入黑名单管理。

4.2.7　依法整治非法窃取银行卡信息的犯罪活动

目前，犯罪分子非法窃取银行卡信息的主要途径有以下几种：一是通过通信信息手段窃取银行卡信息。如：搭建免费 Wi-Fi 陷阱引诱受害人接入网络或者散播隐藏有木马的图片、链接恶意应用程序（APP），窃取受害人手机和电脑中使用过的银行卡信息；冒充亲朋好友、公检法、电信运营商、银行和商户发送诈骗短信，诱使受害人输入银行卡信息；二是利用黑客攻击有关银行系统窃取用户银行卡信息；三是改装银行卡 POS 机具，在受害人刷卡付费时记录银行卡磁道信息；四是内外勾结，通过电商平台、商业机构、医疗机构、教育机构、房屋中介以及个别银行业金融机构、支付机构内部人员、外包单位工作人员获取银行卡信息。

2016 年 9 月 12 日中国人民银行等六部门联合印发了《关于开展联合整治非法买卖银行卡信息专项行动的通知》，决定于 2016 年 9 月至 2017 年 4 月在全国范围内开展联合整治非法买卖银行卡信息专项行动。针对当前不法分子窃取银行卡信息的渠道，专项行动将采取以下行动。第一，破获一批非法买卖银行卡信息的犯罪案件，加大对窃取、收买、非法提供银行卡信息等犯罪行为的打击力度，严惩非法买卖银行卡信息的犯罪分子。第二，集中整治用于非法采集银行卡信息的钓鱼网站、恶意程序（APP），对拒不整改或者违法情节严重的互联网站，依法吊销相关电信经营许可或注销网站备案。第三，检查银行、支付机构、银行卡清算机构的账户信息保护内控管理措施和支付业务系统的安全性，排查存放大量公民个人信息的互联网站和重点行业、单位和企业的信息保护制度和系统的风险漏洞。

第四，组织开展对银行和支付机构布放的 POS 机具的安全性和标准符合性检查，严肃查处特约商户使用非法改装 POS 机具的行为，整治网上从事 POS 机改装的商家和网站。第五，依法关停一批发布银行卡信息非法买卖交易的网站和网络账号，清理网上非法买卖银行卡信息的有害信息。第六，加强社会公众安全使用银行卡的宣传教育，实现银行卡风险宣传教育的常态化和持续化。

4.2.8　银行实施延迟支付制度

利用商业银行转账并在 ATM 机上分散取款，是当前电信网络诈骗犯罪的典型作案手段。犯罪分子往往在受害人受骗转账后几十分钟内取走赃款，消失得无影无踪。据深圳全国人大代表麦庆泉调研，只要银行转账能延迟 1 天到账，公安机关就能够把 90% 的钱追回来。从警方的反馈信息来看，如果被骗一小时之内报案，则拦截的成功率通常比较高。因此，要实现有效的拦截，被骗后的黄金一小时非常关键。

2012 年 1 月，由韩国金融委员会、金融监督院、广播通信委员会和警察厅组成的联合特别工作小组（TF）出台了《为保护金融消费者的电话诈骗受害防止综合对策》，其主要内容包括：一是转账金额在 300 万韩元以上时，10 分钟后才能取款；二是 300 万韩元以上的信用卡贷款，只有在手机短信通知贷款认可，2 小时后贷款才汇到申请人的账号[121]。

因此，借鉴韩国金融机构的做法，人民银行可推行"延迟提款制"。对信用良好的企业转账仍可以允许实时到账，而对个人账户之间转账或者个人账户向信用记录堪忧的公司账户转账，首次可对汇款、网银转账、ATM 机转账、POS 机、电话转账等实行定额、定时限制，如规定 1 万元以上的，到账 2 小时后方能提款，对数额巨大的转账款项，到账一天后提款。客户可以根据需要在固定延迟时间之上，确定增加延迟时间，以提高客户资金

---

[121] 崔贵兴. 韩国"延迟提款制"对我国防范银行卡诈骗的启示[J]. 吉林金融研究，2012（2）：67-68.

的安全性。实施延迟支付交易制度虽然可能对正常客户的业务造成不便，增加社会运行成本，降低效率，但它是可以评估和预知的，因此客户完全可以通过提前操作来规避或将这种不便的影响降至最低，但对犯罪分子则大大提升了作案难度，阻断了采用银行转账实施犯罪的企图。

《关于防范和打击电信网络诈骗犯罪的通告》要求自 2016 年 12 月 1 日起，个人通过银行自助柜员机向非同名账户转账的，资金 24 小时后到账。但这个延迟转账制度只是针对 ATM 机，而 ATM 机每次最多才能转两万元，犯罪分子利用的都是网上银行或第三方平台。所以，银行仅对 ATM 机取现进行限制，对网银转账没有数额限定，这也会为犯罪分子转移赃款留有可乘之机，犯罪分子在诈骗成功后，会迅速通过网银分解转账并提现，因此，银行部门对网银转账也应当设置最高限额和转账次数，并对网银转账也实行时间限制，以杜绝漏洞，保障客户资金安全。

《关于加强支付结算管理防范电信网络新型违法犯罪有关事项的通知》明确要求，加强银行转账管理，如果管理真正落实到位，将从源头上大大防止或降低电信网络诈骗危害的发生。

一是增加转账方式，调整转账时间。自 2016 年 12 月 1 日起，向存款人提供实时到账、普通到账、次日到账等多种转账方式供选择，存款人在选择后才能办理业务。除向本人同行账户转账外，个人通过自助柜员机转账的，发卡行在受理 24 小时后办理资金转账。在发卡行受理后 24 小时内，个人可以向发卡行申请撤销转账。受理行应当在受理结果界面对转账业务办理时间和可撤销规定作出明确提示。

二是加强银行非柜面转账管理。自 2016 年 12 月 1 日起，银行在为存款人开通非柜面转账业务时，应当与存款人签订协议，约定非柜面渠道向非同名银行账户和支付账户转账的日累计限额、笔数和年累计限额等，超出限额和笔数的，应当到银行柜面办理。除向本人同行账户转账外，银行为个人办理非柜面转账业务，单日累计金额超过 5 万元的，应当采用数字证书或者电子签名等安全可靠的支付指令验证方式。单位、个人银行账户非柜面转账单日累计金额分别超过 100 万元、30 万元的，银行应当进行大额交易提醒，单位、个人确认后方可转账。

三是加强支付账户转账管理。自 2016 年 12 月 1 日起，支付机构在为单位和个人开立支付账户时，应当与单位和个人签订协议，约定支付账户与支付账户、支付账户与银行账户之间的日累计转账限额和笔数，超出限额和笔数的，不得再办理转账业务。

四是加强交易背景调查。银行和支付机构发现账户存在大量转入/转出交易的，应当按照"了解你的客户"原则，对单位或者个人的交易背景进行调查。如发现存在异常的，应当按照审慎原则调整向单位和个人提供的相关服务。

五是加强特约商户资金结算管理。银行和支付机构为特约商户提供"T+0"资金结算服务的，应当对特约商户加强交易监测和风险管理，不得为入网不满 90 日或者入网后连续正常交易不满 30 日的特约商户提供"T+0"资金结算服务。

4.2.9　完善银行紧急止付制度

电信网络诈骗的最后一个环节是银行转账汇款，如果金融机构有完善的应对措施就可以避免和挽回诈骗的损失。然而，银行部门缺乏应对电信网络诈骗的紧急措施，银行虽然有紧急止付制度，但审批手续繁琐，有时即便赃款一时未被取走，银行往往会以手续不全为由不予冻结账户。福建漳州就曾发生过客户 40 万元误入骗子账户后立即报警，但因银行迟迟未采取措施冻结骗子账户而导致 23 万元被骗子取走的案件[122]。

《关于加强支付结算管理防范电信网络新型违法犯罪有关事项的通

---

[122] 胡向阳，刘祥伟，彭魏. 电信诈骗犯罪防控对策研究[J]. 中国人民公安大学学报（社会科学版），2010（5）：90-98.

知》要求健全紧急止付和快速冻结机制。理顺工作机制，按期接入通信信息新型违法犯罪交易风险事件管理平台。2016 年 11 月 30 日前，支付机构应当理顺本机构协助有权机关查询、止付、冻结和扣划工作流程；实现查询账户信息和交易流水以及账户止付、冻结和扣划等；指定专人专岗负责协助查询、止付、冻结和扣划工作，不得推诿、拖延。银行、从事网络支付的支付机构应当根据有关要求，按时完成本单位核心系统的开发和改造工作，在 2016 年年底前全部接入通信信息新型违法犯罪交易风险事件管理平台。

4.2.10　严格落实银行系统业务办理记录留存制度

人民银行、银监会、证监会、保监会联合制定的《金融机构客户身份识别和客户身份资料及交易记录保存管理办法》中规定了金融机构对客户身份资料和交易记录保存的细则，各金融机构应当严格执行该制度，对已销户的客户资料也应当保存 3 年以上备查。

《关于加强支付结算管理防范电信网络新型违法犯罪有关事项的通知》要求确保交易信息真实、完整、可追溯。支付机构与银行合作开展银行账户付款或者收款业务的，应当严格执行相关制度规定，确保交易信息的真实性、完整性、可追溯性以及在支付全流程中的一致性，不得篡改或者隐匿交易信息，交易信息应当至少保存 5 年。

4.2.11　严格执行银行业汇款转账潜在风险提醒告知制度

为提高客户的金融风险防范识别能力，充分发挥银行对电信网络诈骗活动涉案资金的拦截和防控作用，应该在所有商业银行建立统一、规范的风险提示制度。在银行的营业大厅设置风险提示牌，在 ATM 机播放防范电信网络诈骗提示语，并随时更新诈骗的方法和手段。建立柜台办理汇款业务告知制度，要求工作人员在为客户办理汇款转账业务时，必须尽到提醒义务，告诫客户汇款必须清楚接收汇款人的真实身份，谨慎支付，并要求客户在告知书上签字。目前，上海、江苏等省市已经建立了银行提醒告知制度。上海市公安局于 2012 年 5 月就专门制定了《关于对成功防阻、制止电讯网络诈骗活动的银行业金融机构工作人员进行表彰奖励的实施办法》，调动银行相关人员的积极性，从一定程度上促进了银行金融机构风险提醒告知制度的落实[123]。

《关于加强支付结算管理防范电信网络新型违法犯罪有关事项的通知》明确要求，银行通过自助柜员机为个人办理转账业务的，应当增加汉语语音提示，并通过文字、标识、弹窗等设置防诈骗提醒；非汉语提示界面应当对资金转出等核心关键字段提供汉语提示，无法提示的，不得提供转账。

4.2.12　银行积极配合公安部门实施涉案资金返还工作

银行业金融机构应当依照有关法律规定，协助公安机关实施涉案冻结资金返还工作，依法协助公安机关查清被害人资金流向，将所涉资金返还至公安机关指定的被害人账户，应当指定专门机构和人员，承办通信信息新型违法犯罪涉案资金返还工作。对违反协助公安机关资金返还义务的，按照《银行业金融机构协助人民检察院公安机关国家安全机关查询冻结工作规定》第二十八条的规定，追究相应机构和人员的责任。

2016 年 9 月 18 日，公安部、银监会联合颁布了《电信网络新型违法犯罪案件冻结资金返还若干规定》，要求银行应当指定专门机构和人员，承办通信信息新型违法犯罪涉案资金返还工作，同时及时协助公安机关办理返还。银行返还能够现场办理完毕的，应当现场办理；现场无法办理完毕的，应当在三个工作日内办理完毕。银行业金融机构应当将回执反馈给公安机关。

---

[123] 李维强. 电信诈骗犯罪的规律特点及治理对策问题研究[D]. 兰州大学硕士论文，2012 年.

最高人民法院、最高人民检察院、公安部《关于办理电信网络诈骗等刑事案件适用法律若干问题的意见》要求，涉案银行账户或者涉案第三方支付账户内的款项，对权属明确的被害人的合法财产，应当及时返还。确因客观原因无法查实全部被害人，但有证据证明该账户系用于电信网络诈骗犯罪，且被告人无法说明款项合法来源的，根据刑法第六十四条的规定，应认定为违法所得，予以追缴；如果被告人已将诈骗财物用于清偿债务或者转让给他人，在四种情形下也应当依法追缴，一是对方明知是诈骗财物而收取的；二是对方无偿取得诈骗财物的；三是对方以明显低于市场的价格取得诈骗财物的；四是对方取得诈骗财物系源于非法债务或者违法犯罪活动的。

4.3　构建良性的反电信网络诈骗机制

近年来，我国电信网络诈骗案件呈现出了高发、频发的态势，电信网络诈骗犯罪活动涉及面较广、牵扯部门较多、涉案金额数量较大，造成了极为恶劣的社会影响。在面临打击电信网络诈骗犯罪活动的严峻形势下，国家应做好全面布局、不断加强打击电信网络诈骗的力度，全方面统筹、协调、促进相关部门沟通协作，实现多部门联合作战。《关于防范和打击电信网络诈骗犯罪的通告》要求，进一步明确各部门的工作要求，全面加大对通信信息犯罪的打击力度，要求建立严格化、制度化、系统化的治理体系，从根本上打击电信网络诈骗犯罪活动。建立良性的依法打击电信网络诈骗相关犯罪机制，应做好以下六点工作。

一是要明确公安侦查机关的主体责任，提高案件侦办水平和侦破效率。主要强化公安侦查机关在电信网络诈骗案件办理中的主体责任，形成对电信网络诈骗快速办案、重拳整治的持续化高压态势，尤其是对电信网络诈骗社会影响较为恶劣的案件要采取强压态势实现快速侦办，重点打击电信网络诈骗团伙作案。除此之外，公安侦查机关应加大自身对电信网络诈骗的侦查技术、侦查装备的提升，还应注重从装备更新和力量整合加强自身建设，努力提高电信网络诈骗案件的侦破水平，确保在与违法犯罪行为的较量中掌握主动权。

二是要继续加大打击力度，完善跨部门的协同工作机制。切实履行监管责任，严格落实监管措施，着力堵塞监管漏洞，切断电信网络诈骗犯罪链条。要组织开展好打击电信网络诈骗的专项行动，创新侦查打击手段、完善协同配合机制、建立联合作战平台，形成高压打击态势，坚决遏制犯罪分子的嚣张气焰，在社会上形成立体的严打整治氛围。要建立"责任明确、快速响应、密切配合、齐抓共管"的防范治理电信网络诈骗犯罪工作机制，严格执行综合治理"一票否决"制度，强化源头治理，坚决堵塞监管漏洞，最大限度地挤压违法犯罪的活动空间，确保打击电信网络行动取得实效。同时要加大对重点领域、行业、部门的打击力度，抓好统筹协调、配合衔接、资源整合、督察督办等机制，对群众举报，要快速立案调查，尽快发现有用线索，对案件要一查到底，做到坚决打击，严惩电信网络诈骗分子，保护好人民的财产安全。

三是要强化电信、金融部门的主体责任。打击电信网络诈骗犯罪活动固然是公安部门的责任，但是电信、金融部门也应该承担相应的主体责任，要做到明确各自的责任分担，有必要对监管不力的责任主体，追究相应的法律责任，有效做到从源头上减少电信网络诈骗犯罪活动的发生。针对电信领域出现的新型诈骗手段等情况，电信部门应采取专门行动，成立专门防范和打击电信网络诈骗专项工作领导小组，在全社会加大防范打击电信网络诈骗力度，敦促基础电信企业加强号码整顿、提高技术防范管控能力，与公安机关密切合作加强监督举报等。金融系统相关部门应该制定更高的信息管理标准，防止监守自盗，确保居民个人信息安全。

四是要加强与境外的协同合作，强化跨境打击电信网络诈骗力度。从我国已发生的重大电信网络诈骗案件可见，重大案件大多是跨境犯罪，由于犯罪分子藏身境外，实施诈骗的活动地点以及变现取款的地点也大多分布在境外各地，极大地增加了打击的难度，为此，应建立跨境打击电信网络诈骗犯罪活动的长效合作机制，加强与境外警方的合作交流，将打击范围延伸扩大到境外地区，重点摧毁一批境外电信网络诈骗窝点。

五是搭建全国统一的网络技术平台，实现跨区域协作共享和快速联动机制。实现远距离网上串并案，落实各涉案地侦查、抓捕、取证等工作，改变各自为政、重复劳动等状况，针对电信网络诈骗案件跨地区、分布广泛的特点，研究制定此类案件的动态管辖、就近立案、移送证据等新的规定。

六是要加强专门人才队伍的建设，密切关注电信网络诈骗犯罪活动新动向。电信网络诈骗犯罪的高技术性、隐蔽性、流动性给犯罪侦查带来了一定的难度，公安机关应当成立专门的防电信网络诈骗行动小组，配备高科技侦查设施和高素质的网监人才，必要时通过委托授权的方式，委托电信运营商的技术人员协助侦查取证，建立一支"有核心无边界"的专业的打击电信网络诈骗犯罪的人才队伍，对电信、网络技术的发展密切关注，及时准确发现新的犯罪手法和动向，实时制定有效的防范电信网络诈骗行动方案。

"道高一尺，魔高一丈"，虽然我国政府出台了多项打击电信网络诈骗的规定，也采取了多部门联动遏制电信网络诈骗的措施，但犯罪分子们却愈加狡猾，并不断发现新的漏洞予以利用，因此我们丝毫不能放松警惕，打击和治理电信网络诈骗必须与时俱进。

4.4　构建国家级反电信网络诈骗工作平台

2016 年 9 月，中央政法委书记孟建柱在视察上海反电信网络诈骗工作时提出，要建立全国反电信网络诈骗工作平台。与此同时，全国政协委员、农工党中央委员张喆人建议，要充分发挥部际联席会议制度的作用，国家层面和省、直辖市、自治区层面建立分级反电信网络诈骗中心平台，形成跨地区、跨部门的协作共享和快速反应联动机制。目前虽然在上海、广东、江苏、福建等部分省市已经建立了相应的反电信网络诈骗的平台，发挥了一定的积极作用，然而，当前我国各地区的反电信网络诈骗工作平台相互间缺乏较为畅通的协同合作机制，尚未形成一个国家级别的反电信网络诈骗的工作平台。

在我国电信网络诈骗犯罪活动日益猖獗的今天，构建全国反电信网络诈骗工作平台的任务迫在眉睫，如何建设国家统一的反电信网络诈骗工作平台，是当前亟需解决的现实难题。为此，我们建议要尽快建立国家反电信网络诈骗的工作平台，国家反电信网络诈骗统一工作平台由公安部与三大运营商联合负责筹建，国家平台要具备更高的权限和职责，应该由国务院指导，最高人民法院、最高人民检察院、公安部、工业和信息化部、中国人民银行、中国银行业监督管理委员等部门应给予全力配合支持，国家平台应当与当前现有各省级反电信网络诈骗工作平台在功能、特点、范围、权限等方面有所不同。我们认为，国家反电信网络诈骗工作平台应该进行顶层设计，成为统筹各地分中心工作的重要指挥中心，同时又是促进各地分中心相互配合协作工作的推动器，如图 4-1 所示。

为保障国家反电信网络诈骗平台的顺畅运行，我们建议需要做好以下几点工作。

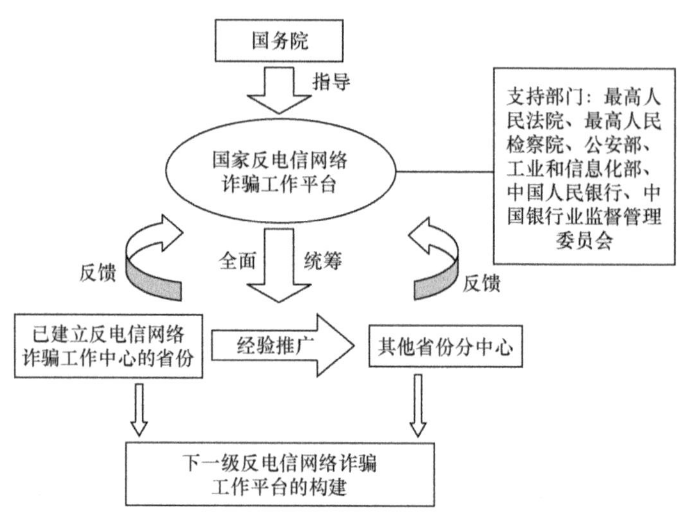

图 4-1　国家反电信网络诈骗工作平台运行示意图

一是提高对电信网络诈骗犯罪活动的重视程度，要从国家层面进行全面统筹考虑，提升部门相互间配合协作的格局，在之前国务院建立部际联席会议制度的基础上，由公安部牵头，三大运营商承建，组织协调相关各部门，在全国范围内部署反电信网络诈骗的工作，针对各省市实际情况建立制定专门的反电信网络诈骗工作平台，尤其是对电信网络诈骗高发频发的重点地区给予重点关注，投入更多的物力和财力。

二是加强各部门之间的信息共享和协同工作能力，打破各部门之间信息的孤岛，实现真正意义上的信息互联和共享机制。目前我国三大运营商之间的数据库尚未互联和共享，甚至连运营商内部的数据也处于割裂的状态。面对这样的现状，国家应该积极引导不同运营商之间实现数据及服务标准的统一，并支持跨运营商的数据共享平台建设，从而构筑防范电信网络诈骗的统一阵线。另外，电信企业、互联网公司、公安等部门也应该建立有效的长期合作机制，形成高效的沟通渠道，从而真正有利于不同部门间的协同与合作，最大限度地遏制电信网络诈骗案件的发生。

三是建立国家反电信网络诈骗工作平台，需要健全完善相关制度，确保责任的落实。应在国家立法层面明确打击电信网络诈骗是多部门共同协作的工作行为，细化相关部门的义务和责任，国家反电信网络诈骗工作平台应该扮演综合协调的角色，应在综治考评、挂牌督办、"一票否决"等方面出台硬措施，分解任务，传导压力。电信行业、金融行业和互联网行业的监管部门，应限时督促安全漏洞整改到位。

四是建立国家反电信网络诈骗平台需要与各级政府紧密协调配合，各级党委政府要把反电信网络诈骗工作纳入本地区社会治安防控体系建设范畴，加强组织领导，做好统筹规划，及时解决工作中可能遇到的困难和问题，各级相关单位要牢固树立"全国一盘棋"的意识，严格履行监管责任和社会责任，全力打好反电信网络诈骗的攻坚战。

4.5　增设"国家反电信网络诈骗宣传周"

电信网络诈骗犯罪活动之所以能够得逞，主要原因之一是一些被骗群众的防范意识薄弱、甄别能力不强以及贪图小便宜等。在现阶段电信网络诈骗侦破的难度较大的情况下，广大人民群众首先必须要有一定的识别和防范电信网络诈骗的能力，相关部门也要加大宣传力度，帮助广大群众提高警惕，充分识别、分析、防范电信网络诈骗。因此，在广大群众中进行宣传教育是防范电信网络诈骗的第一防线，也是有效阻止电信网络诈骗案件频发的重要手段。为此，各有关部门要密切配合强化宣传阵地的防范作用，不断加大对社会群体的宣传力度，营造社会防电信网络诈骗的舆论声势。

我们建议应当在国家层面增设"国家反电信网络诈骗宣传周"，将全民防范电信网络诈骗宣传活动形为常态，每年都定期进行防范电信网络诈骗犯罪的宣传活动，建议国家定在每年 8 月 21 日（徐玉玉因电信网络诈骗致死事件）为国家反电信网络诈骗宣传周起始日，之所以选择这个日子主要有三层意义：一是对我国电信网络诈骗案猖獗气焰的一种严重警示；二是时刻提醒广大群众提高电信网络诈骗的警惕意识；三是对这位无辜受害大学生最好的祭奠。

推行实施"国家反电信网络诈骗宣传周"应当有组织、有内容、有规模。每年的宣传周活动应该由专门的机构联合举办，要有明确的宣传主题，举办各种丰富多彩的系列宣传活动，营造出全民参与预防电信网络诈骗的良好氛围。为积极配合宣传工作周取得实际成效，需做好以下五点工作。

一是注重宣传手段和形式的多样化，增强宣传的影响效果。通信信息的发展为宣传提供了更多的渠道和更为丰富的内容，尤其是在移动互联网时代，用于宣传的渠道和形式及种类更为丰富多彩，因此我们要广泛利用现代信息技术手段，发挥宣传手段多样化的优势，广泛利用电视广播、社区电子屏幕、微博、微信、短信等媒介，向广大群众开展形式多样的电信网络诈骗防范宣传，还可以通过制作《防电信网络诈骗指南》等宣传手册、宣传单，通过发送或播放宣传音频、视频，悬挂宣传横幅、现场咨询解答等形式，向群众普及防范电信网络诈骗的常识，进一步扩大宣传覆盖面，增强宣传效果。

二是实施重点人群集中宣传活动，提高宣传的效率和针对性。针对特定人群集中的地区要做好重点宣传，提高群众防范电信网络诈骗的意识，达到预防的目的。选择在社区主干道、广场公园以及人群集中的区域，采取张贴宣传标语、悬挂横幅、摆放展板、宣讲、播放视频等形式，以更加直观的形式加深群众印象。针对重点区域的企业，要积极开展组织企业员工学习，让企业员工了解电信网络诈骗惯用的伎俩手段，同时公司应配合反电信网络诈骗宣传，提高防骗意识，不断完善企业的财务管理制度，杜绝给电信网络诈骗分子有机可乘、留有余地。

"徐玉玉案"告诉我们，当前在校学生因涉世不深，已经成为了一些不法分子行骗的主要对象，因此广大在校学生应该成为反电信网络诈骗宣传普及的重点人群。为此，在开展反电信网络诈骗宣传周时，要组织开展"反电信网络诈骗犯罪宣传周"进校园活动，邀请专业人士向广大在校学生义务宣传预防电信网络诈骗防范常识，提高学生的防骗意识，实现一个学生带动一个家庭、家庭辐射社会的防范宣传效应。

三是注重发挥金融机构的宣传教育，确保人民群众的财产安全。金融安全是人民财产安全的重要保证，金融机构的安全是预防电信网络诈骗犯罪的重要环节，也是要重点宣传的主要对象。发挥金融机构的宣传工作，尤其是针对大额不明转账、陌生人转账交易等行为进行有效提示，提高办理金融业务群众的风险防范意识。除此之外，还应该不断规范金融机构的相关业务，加强对金融投资理财类、互联网金融公司的日常监管，确保金融监管部门能够及时发现新型的电信网络诈骗形式，做到有效阻断，减少上当受骗的情况，保证人民群众的财产安全。

四是注重电信网络诈骗源头的法治宣传，普及电信网络诈骗犯罪的危害。由于实施电信网络诈骗犯罪活动的人员所在地区分布较为集中，许多人员对电信网络诈骗犯罪所承担的后果了解不足，法治观念淡薄。为此，我们应当选择电信网络诈骗源头地区作为反电信网络诈骗法治宣传的重点地区，实施长期高压常态化的法治宣传教育活动，提高该地区群众的法律意识，减少电信网络诈骗案的发生，从根源上切断电信网络诈骗的黑色产业链条，彻底治理一些地区出现的依靠电信网络诈骗谋取非法"收入"的不良社会风气。

五是树立全社会共治理念，为建设平安法治社会创造条件。通过新闻媒体、社区力量和金融网点宣传及"110"指挥中心24小时防骗咨询服务，进一步增强居民的防诈骗意识，最大限度地减少电信网络诈骗案件的发生。各地各部门要加大宣传力度，广泛开展宣传报道，形成强大的舆论声势。要运用多种媒体渠道，及时向公众发布电信网络犯罪预警提示，普及法律知识，提高公众对各类电信网络诈骗的鉴别能力和安全防范意识，坚决遏制电信网络诈骗犯罪的高发势头，为建设平安和法治社会做出各自应有的贡献。

附　　录

全国人民代表大会常务委员会关于加强
网络信息保护的决定

（2012年12月28日第十一届全国人民代表大会常务委员会第三十次会议通过）

为了保护网络信息安全，保障公民、法人和其他组织的合法权益，维护国家安全和社会公共利益，特作如下决定：

一、国家保护能够识别公民个人身份和涉及公民个人隐私的电子信息。

任何组织和个人不得窃取或者以其他非法方式获取公民个人电子信息，不得出售或者非法向他人提供公民个人电子信息。

二、网络服务提供者和其他企业事业单位在业务活动中收集、使用公民个人电子信息，应当遵循合法、正当、必要的原则，明示收集、使用信息的目的、方式和范围，并经被收集者同意，不得违反法律、法规的规定和双方的约定收集、使用信息。

网络服务提供者和其他企业事业单位收集、使用公民个人电子信息，应当公开其收集、使用规则。

三、网络服务提供者和其他企业事业单位及其工作人员对在业务活动中收集的公民个人电子信息必须严格保密，不得泄露、篡改、毁损，不得出售或者非法向他人提供。

四、网络服务提供者和其他企业事业单位应当采取技术措施和其他必要措施，确保信息安全，防止在业务活动中收集的公民个人电子信息泄露、毁损、丢失。在发生或者可能发生信息泄露、毁损、丢失的情况时，应当立即采取补救措施。

五、网络服务提供者应当加强对其用户发布的信息的管理，发现法律、法规禁止发布或者传输的信息的，应当立即停止传输该信息，采取消除等处置措施，保存有关记录，并向有关主管部门报告。

六、网络服务提供者为用户办理网站接入服务，办理固定电话、移动电话等入网手续，或者为用户提供信息发布服务，应当在与用户签订协议或者确认提供服务时，要求用户提供真实身份信息。

七、任何组织和个人未经电子信息接收者同意或者请求，或者电子信息接收者明确表示拒绝的，不得向其固定电话、移动电话或者个人电子邮箱发送商业性电子信息。

八、公民发现泄露个人身份、散布个人隐私等侵害其合法权益的网络信息，或者受到商业性电子信息侵扰的，有权要求网络服务提供者删除有关信息或者采取其他必要措施予以制止。

九、任何组织和个人对窃取或者以其他非法方式获取、出售或者非法向他人提供公民个人电子信息的违法犯罪行为以及其他网络信息违法犯罪行为，有权向有关主管部门举报、控告；接到举报、控告的部门应当依法及时处理。被侵权人可以依法提起诉讼。

十、有关主管部门应当在各自职权范围内依法履行职责，采取技术措施和其他必要措施，防范、制止和查处窃取或者以其他非法方式获取、出售或者非法向他人提供公民个人电子信息的违法犯罪行为以及其他网络信息违法犯罪行为。有关主管部门依法履行职责时，网络服务提供者应当予以配合，提供技术支持。

国家机关及其工作人员对在履行职责中知悉的公民个人电子信息应当予以保密，不得泄露、篡改、毁损，不得出售或者非法向他人提供。

十一、对有违反本决定行为的，依法给予警告、罚款、没收违法所得、吊销许可证或者取消备案、关闭网站、禁止有关责任人员从事网络服务业务等处罚，记入社会信用档案并予以公布；构成违反治安管理行为的，依法给予治安管理处罚。构成犯罪的，依法追究刑事责任。侵害他人民事权益的，依法承担民事责任。

十二、本决定自公布之日起施行。

六部委关于防范和打击电信网络诈骗犯罪的通告

电信网络诈骗犯罪是严重影响人民群众合法权益、破坏社会和谐稳定的社会公害，必须坚决依法严惩。为切实保障广大人民群众合法权益，维护社会和谐稳定，根据《中华人民共和国刑法》《中华人民共和国刑事诉讼法》《全国人民代表大会常务委员会关于加强网络信息保护的决定》等有关规定，现就防范和打击电信网络诈骗犯罪相关事项通告如下：

一、凡是实施电信网络诈骗犯罪的人员，必须立即停止一切违法犯罪活动。自本通告发布之日起至 2016 年 10 月 31 日，主动投案、如实供述自己罪行的，依法从轻或者减轻处罚，在此规定期限内拒不投案自首的，将依法从严惩处。

二、公安机关要主动出击，将电信网络诈骗案件依法立为刑事案件，集中侦破一批案件、打掉一批犯罪团伙、整治一批重点地区，坚决拔掉一批地域性职业电信网络诈骗犯罪"钉子"。对电信网络诈骗案件，公安机关、人民检察院、人民法院要依法快侦、快捕、快诉、快审、快判，坚决遏制电信网络诈骗犯罪发展蔓延势头。

三、电信企业（含移动转售企业，下同）要严格落实电话用户真实身份信息登记制度，确保到 2016 年 10 月底前全部电话实名率达到 96%，年底前达到 100%。未实名登记的单位和个人，应按要求对所持有的电话进行实名登记，在规定时间内未完成真实身份信息登记的，一律予以停机。电信企业在为新入网用户办理真实身份信息登记手续时，要通过采取二代身份证识别设备、联网核验等措施验证用户身份信息，并现场拍摄和留存用户照片。

四、电信企业立即开展一证多卡用户的清理，对同一用户在同一家基础电信企业或同一移动转售企业办理有效使用的电话卡达到 5 张的，该企业不得为其开办新的电话卡。电信企业和互联网企业要采取措施阻断改号软件网上发布、搜索、传播、销售渠道，严禁违法网络改号电话的运行、经营。电信企业要严格规范国际通信业务出入口局主叫号码传送，全面实施语音专线规范清理和主叫鉴权，加大网内和网间虚假主叫发现与拦截力度，立即清理规范一号通、商务总机、400 等电话业务，对违规经营的网络电话业务一律依法予以取缔，对违规经营的各级代理商责令限期整改，逾期不改的一律由相关部门吊销执照，并严肃追究民事、行政责任。移动转售企业要依法开展业务，对整治不力、屡次违规的移动转售企业，将依法坚决查处，直至取消相应资质。

五、各商业银行要抓紧完成借记卡存量清理工作，严格落实"同一客户在同一商业银行开立借记卡原则上不得超过 4 张"等规定。任何单位和个人不得出租、出借、出售银行账户（卡）和支付账户，构成犯罪的依法追究刑事责任。自 2016 年 12 月 1 日起，同一个人在同一家银行业金融机构只能开立一个 I 类银行账户，在同一家非银行支付机构只能开立一个Ⅲ类支付账户。自 2017 年起，银行业金融机构和非银行支付机构对经设区市级及以上公安机关认定的出租、出借、出售、购买银行账户（卡）或支付账户的单位和个人及相关组织者，假冒他人身份或虚构代理关系开立银行账户（卡）或支付账户的单位和个人，5 年内停止其银行账户（卡）非柜面业务、支付账户所有业务，3 年内不得为其新开立账户。对经设区市级及以上公安机关认定为被不法分子用于电信网络诈骗作案的涉案账户，将对涉案账户开户人名下其他银行账户暂停非柜面业务，支付账户暂停全部业务。自 2016 年 12 月 1 日起，个人通过银行自助柜员机向非同名账户转账的，资金 24 小时后到账。

六、严禁任何单位和个人非法获取、非法出售、非法向他人提供公民个人信息。对泄露、买卖个人信息的违法犯罪行为，坚决依法打击。对互联网上发布的贩卖信息、软件、木马病毒等要及时监控、封堵、删除，对相关网站和网络账号要依法关停，构成犯罪的依法追究刑事责任。

七、电信企业、银行、支付机构和银联，要切实履行主体责任，对责任落实不到位导致被不法分子用于实施电信网络诈骗犯罪的，要依法追究责任。各级行业主管部门要落实监管责任，对监管不到位的，要严肃问责。对因重视不够，防范、打击、整治措施不落实，导致电信网络诈骗犯罪问题严重的地区、部门、国有电信企业、银行和支付机构，坚决依法实行社会治安综合治理"一票否决"，并追究相关责任人的责任。

八、各地各部门要加大宣传力度，广泛开展宣传报道，形成强大舆论声势。要运用多种媒体渠道，及时向公众发布电信网络犯罪预警提示，普及法律知识，提高公众对各类电信网络诈骗的鉴别能力和安全防范意识。

九、欢迎广大人民群众积极举报相关违法犯罪线索，对在捣毁特大犯罪窝点、打掉特大犯罪团伙中发挥重要作用的，予以重奖，并依法保护举报人的个人信息及安全。

本通告自发布之日起施行。

银监会、公安部关于印发电信网络新型违法犯罪案件冻结资金返还若干规定的通知

银监发〔2016〕41 号

各银监局，各省、自治区、直辖市公安厅（局），新疆生产建设兵团公安局，各政策性银行、大型银行、股份制银行，邮储银行，外资银行：

根据国务院关于研究解决电信网络新型违法犯罪案件冻结资金及时返还问题的工作部署，切实维护人民群众的财产权益，银监会、公安部联合制定了电信网络新型违法犯罪案件冻结资金返还若干规定。现印发给你们，请遵照执行。

《电信网络新型违法犯罪案件冻结资金返还若干规定》

第一条 为维护公民、法人和其他组织的财产权益，减少电信网络新型违法犯罪案件被害人的财产损失，确保依法、及时、便捷返还冻结资金，根据《中华人民共和国刑法》《中华人民共和国刑事诉讼法》《中华人民共和国银行业监督管理法》《中华人民共和国商业银行法》等法律、行政法规，制定本规定。

第二条 本规定所称电信网络新型违法犯罪案件，是指不法分子利用电信、互联网等技术，通过发送短信、拨打电话、植入木马等手段，诱骗（盗取）被害人资金汇（存）入其控制的银行账户，实施的违法犯罪案件。

本规定所称冻结资金，是指公安机关依照法律规定对特定银行账户实施冻结措施，并由银行业金融机构协助执行的资金。本规定所称被害

人，包括自然人、法人和其他组织。

第三条 公安机关应当依照法律、行政法规和本规定的职责、范围、条件和程序，坚持客观、公正、便民的原则，实施涉案冻结资金返还工作。

银行业金融机构应当依照有关法律、行政法规和本规定，协助公安机关实施涉案冻结资金返还工作。

第四条 公安机关负责查清被害人资金流向，及时通知被害人，并作出资金返还决定，实施返还。

银行业监督管理机构负责督促、检查辖区内银行业金融机构协助查询、冻结、返还工作，并就执行中的问题与公安机关进行协调。

银行业金融机构依法协助公安机关查清被害人资金流向，将所涉资金返还至公安机关指定的被害人账户。

第五条 被害人在办理被骗（盗）资金返还过程中，应当提供真实有效的信息，配合公安机关和银行业金融机构开展相应的工作。

被害人应当由本人办理冻结资金返还手续。本人不能办理的，可以委托代理人办理；公安机关应当核实委托关系的真实性。

被害人委托代理人办理冻结资金返还手续的，应当出具合法的委托手续。

第六条 对电信网络新型违法犯罪案件，公安机关冻结涉案资金后，应当主动告知被害人。

被害人向冻结公安机关或者受理案件地公安机关提出冻结涉案资金返还请求的，应当填写《电信网络新型违法犯罪涉案资金返还申请表》（附件1）。

冻结公安机关应当对被害人的申请进行审核，经查明冻结资金确属被害人的合法财产，权属明确无争议的，制作《电信网络新型违法犯罪涉案资金流向表》和《呈请返还资金报告书》（附件2），由设区的市一级以上公安机关批准并出具《电信网络新型违法犯罪冻结资金返还决定书》（附件 3）。

受理案件地公安机关与冻结公安机关不是同一机关的，受理案件地公安机关应当及时向冻结公安机关移交受、立案法律手续、询问笔录、被骗盗银行卡账户证明、身份信息证明、《电信网络新型违法犯罪涉案资金返还申请表》等相关材料，冻结公安机关按照前款规定进行审核决定。

冻结资金应当返还至被害人原汇出银行账户，如原银行账户无法接受返还，也可以向被害人提供的其他银行账户返还。

第七条　冻结公安机关对依法冻结的涉案资金，应当以转账时间戳（银行电子系统记载的时间点）为标记，核查各级转账资金走向，一一对应还原资金流向，制作《电信网络新型违法犯罪案件涉案资金流向表》。

第八条　冻结资金以溯源返还为原则，由公安机关区分不同情况按以下方式返还：

（一）冻结账户内仅有单笔汇（存）款记录，可直接溯源被害人的，直接返还被害人；

（二）冻结账户内有多笔汇（存）款记录，按照时间戳记载可以直接溯源被害人的，直接返还被害人；

（三）冻结账户内有多笔汇（存）款记录，按照时间戳记载无法直接溯源被害人的，按照被害人被骗（盗）金额占冻结在案资金总额的比例返还（返还计算公式见附件 4）。

按比例返还的，公安机关应当发出公告，公告期为 30 日，公告期间内被害人、其他利害关系人可就返还冻结提出异议，公安机关依法进行审核。

冻结账户返还后剩余资金在原冻结期内继续冻结；公安机关根据办案需要可以在冻结期满前依法办理续冻手续。如查清新的被害人，公安机关可以按照本规定启动新的返还程序。

第九条　被害人以现金通过自动柜员机或者柜台存入涉案账户内的，

涉案账户交易明细账中的存款记录与被害人笔录核对相符的，可以依照本规定第八条的规定，予以返还。

第十条　公安机关办理资金返还工作时，应当制作《电信网络新型违法犯罪冻结资金协助返还通知书》（附件 5），由两名以上公安机关办案人员持本人有效人民警察证和《电信网络新型违法犯罪冻结资金协助返还通知书》前往冻结银行办理返还工作。

第十一条　立案地涉及多地，对资金返还存在争议的，应当由共同上级公安机关确定一个公安机关负责返还工作。

第十二条　银行业金融机构办理返还时，应当对办案人员的人民警察证和《电信网络新型违法犯罪冻结资金协助返还通知书》进行审查。对于提供的材料不完备的，有权要求办案公安机关补正。

银行业金融机构应当及时协助公安机关办理返还。能够现场办理完毕的，应当现场办理；现场无法办理完毕的，应当在三个工作日内办理完毕。银行业金融机构应当将回执反馈公安机关。

银行业金融机构应当留存《电信网络新型违法犯罪冻结资金协助返还通知书》原件、人民警察证复印件，并妥善保管留存，不得挪作他用。

第十三条　银行业金融机构应当指定专门机构和人员，承办电信网络新型违法犯罪涉案资金返还工作。

第十四条　公安机关违法办理资金返还，造成当事人合法权益损失的，依法承担法律责任。

第十五条　中国银监会和公安部应当加强对新型电信网络违法犯罪冻结资金返还工作的指导和监督。

银行业金融机构违反协助公安机关资金返还义务的，按照《银行业金融机构协助人民检察院公安机关国家安全机关查询冻结工作规定》第二十八条的规定，追究相应机构和人员的责任。

第十六条　本规定由中国银监会和公安部共同解释。执行中遇有具体应用问题，可以向银监会法律部门和公安部刑事侦查局报告。

第十七条 本规定自发布之日起施行。

2016 年 9 月 18 日

附件：附件.doc

1. 电信网络新型违法犯罪案件冻结资金返还申请表

2. 呈请返还资金报告书

3. 电信网络新型违法犯罪冻结资金返还决定书

4. 电信网络新型违法犯罪冻结资金协助返还通知书

5. 资金返还比例计算方法

工信部关于进一步防范和打击通讯信息诈骗工作的实施意见

工信部网安函〔2016〕452 号

为坚决贯彻党中央、国务院近期系列决策部署，细化落实工业和信息化部等六部门《关于防范和打击电信网络诈骗犯罪的通告》要求，有效防范和打击通讯信息诈骗，切实保障正常通信秩序，保护用户合法权益，维护社会和谐稳定，提出以下实施意见。

一、从严从快全面落实电话用户实名制

（一）加快完成未实名电话存量用户身份信息补登记。

各基础电信企业要加快推进未实名老用户补登记，在 2016 年年底前实名率达到 100%。各移动转售企业要对 170、171 号段全部用户进行回访和身份信息确认，对未登记或登记信息错误的用户进行补登记，2016 年年底前实名率达到 100%。在规定时间内未完成补登记的，一律予以停机。

（二）从严做好新入网电话用户实名登记。

各基础电信企业和移动转售企业要采取有效的管理和技术措施，确保电话用户登记信息真实、准确、可溯源。为新用户办理入网手续时，要严格落实用户身份证件核查责任，采取二代身份证识别设备、联网核验等措施验证用户身份信息，并现场拍摄和留存办理用户照片。通过网络渠道发展新用户时，要采取在线视频实人认证等技术方式核验用户身份信息。

（三）严格限制一证多卡。

2016 年年底前，各基础电信企业和移动转售企业应全面完成一证多卡用户摸排清理，对在本企业全国范围内已经办理 5 张（含）以上移动电话卡的存量用户，要对用户身份信息逐一重新核实。同一用户在同一基础电信企业或同一移动转售企业全国范围内办理使用的移动电话卡达到 5 张的，按照六部委《关于防范和打击电信网络诈骗犯罪的通告》第四条相关要求处理。

（四）强化行业卡实名登记管理。

一是各基础电信企业和移动转售企业要对已经在网使用的行业卡实名登记情况进行重新核实，对未登记或登记信息错误的用户进行补登记，2016 年年底前实名率达到 100%。二是对新办理使用行业卡的，要从严审核行业用户单位资质、所需行业卡功能、数量及业务量，按照"功能最小化"原则，屏蔽语音、短信功能，并充分利用技术手段对行业卡使用范围（包括可访问 IP 地址、端口、通话及短信号码等）、使用场景（如设备 IMEI 与号卡 IMSI 一一对应）等进行严格限制和绑定。三是原则上新增的行业卡必须使用 13 位专用号段，并通过专用网络承载相关业务，特殊情况下需使用 11 位号段且开通无限制的语音功能的，必须按照公众移动电话用户进行实名登记。四是按照"谁发卡、谁负责"原则，各基础电信企业和移动转售企业要加强对行业卡使用情况的监测和管控，严禁二次销售和违规使用行业卡。对未采取有效监测和管控措施，致使行业卡被倒卖或被用于非行业用户的，从严追究相关企业和负责人的责任。

（五）严格落实代理渠道电话实名制管理要求。

各基础电信企业和移动转售企业要进一步严格代理渠道准入，强化代理商资质审核，严格禁止代理渠道擅自委托下级代理。建立委托代理渠道电话入网和实名登记违规责任追究制度，各基础电信企业集团公司要签订电话实名制责任承诺书，各企业建立内部问责机制，对出现不登记、虚假登记、批量开卡、"养卡"等违规行为的代理渠道，一经发现立即取消其代理资格，纳入委托代理渠道黑名单，并从严追究相关基础电信企业省级公司相关部门和负责人责任。各通信管理局要在 2016 年 11 月底前组织电信企业完善委托代理渠道黑名单制度，对纳入黑名单的渠道和个人，各电信企业不得委托其办理电话入网和实名登记手续。

二、大力整顿和规范重点电信业务

（六）全面开展存量用户自查清理。

2016 年 11 月底前，各基础电信企业要全面完成语音专线和"400""一号通""商务总机"等存量重点电信业务排查清理。对未进行主体信息登记、虚假登记、登记信息不完整、未登记使用用途或者实际用途与登记用途不符合、资质不符或者存在其他不符合业务运营和使用规范、使用异常的，要督促用户限期整改，问题严重、拒不整改或未按要求整改的，一律依法予以取缔。2016 年 11 月底前，各基础电信企业要将上述重点电信业务自查清理情况书面报部及所在地通信管理局。

（七）从严加强新用户入网审核和管理。

一是严格申请主体资格。语音专线和"400""一号通""商务总机"等重点电信业务的申办主体必须为单位用户，严禁发展个人用户。二是严格办理渠道。用户必须在基础电信企业自有实体渠道申请办理上述重点电信业务，并由基础电信企业负管理责任，严禁代理渠道或网络渠道代为办理。三是严格资质核验。申请用户应当提供单位有效证照（企业用户应当提供营业执照，政府部门、事业单位、社会团体用户应当提供组织机构代码证）、法定代表人的有效身份证件、申请单位办理人的有效身份证件，属申请资源经营电信业务的，要同时提供相应的电信业务许可证。基础电信企业要严格核验、登记与留存上述证照信息以及业务使用用途。四是严格申请数量。同一用户在同一基础电信企业全国范围内申请"400""一号通""商务总机"等重点业务号码，每类原则上不得超过 5 个。五是严格台账管理。各基础电信企业集团公司和各省级公司要在 2016 年年底前分别建立上述重点电信业务统一台账，并动态更新管理，确保监管部门可随时依法查询用户的登记情况、使用状态和业务变更记录。

（八）从严加强业务外呼管理。

一是严格外呼审批。用户申请"400""商务总机"外呼以及自带 95、96 等字头短号码通过租用语音专线开展外呼的，必须由基础电信企业省级及以上公司从严审批并负管理责任，业务合同中必须明示允许的外呼号码或号段以及外呼用途、时段、频次等。新增"一号通"一律禁止外呼。二是建立外呼白名单制度。各基础电信企业允许外呼的上述重点电信业务号码必须为本网实际开通的、属本企业分配的号码或号段，并统一纳入白名单管理，对白名单以外的外呼号码一律进行拦截。通过本网中继外呼时，严禁使用它网的固定、移动用户号码或"400"等业务号码。

（九）强化业务合同责任约束。

各基础电信企业要进一步强化上述重点电信业务合同约束，细化责任条款，明确规定发现冒用或伪造身份证照、违法使用、违规外呼、呼叫频次异常、超约定用途使用、转租转售、被公安机关通报以及用户就上述问题投诉较多等情况的，核实确认后，一律终止业务接入。2016 年年底前，各基础电信企业要与存量用户全部补签订相关责任条款。

（十）建立健全业务使用动态复核机制。

2016 年年底前，各基础电信企业要采取必要的管理与技术措施，建立随机拨测、现场随机巡检、用户资质年度复核等制度，加强对重点电信业务使用的动态管理。发现违规使用的，依据相关管理规范和业务协议从严从重处置，并通报通信管理部门依法依规处理，涉嫌违法犯罪的通报公安机关。

三、坚决整治网络改号问题

（十一）严格规范号码传送和使用管理。

一是严格防范国际改号呼叫。各基础电信企业要对从境外诈骗电话来话高发区输入的国际来话进行重点管理甄别，对"86"等不规范国际来话，以及公安机关核实通报的伪造国内公检法和党政部门便民电话的虚假主叫号码，在国际通信业务出入口局一律进行拦截。对携带"通用号码"的来话，在国际通信业务出入口局和国内网间互联互通关口局将其"通用号码"信息一律予以删除。二是严格规范主叫号码传送。落实号码传送行业规定和有关行业标准。禁止违规传送主叫号码为空号或设置主叫号码禁显的呼叫。各基础电信企业在网间关口局对不符合号码管理、网间互联规定和标准的违规呼叫、违规号码一律进行拦截。从严管理语音专线呼叫转移业务功能，确需开通的，应当由基础电信企业集团公司统一审核并建立台账；各基础电信企业要在2016年11月底前全面完成已经开通的语音专线呼叫转移功能排查清理。三是严格号码使用管理。号码使用者应当严格遵循号码管理的各项规定，按照通信管理部门批准的地域、用途、位长格式规范使用号码，禁止转让。四是提升网络改号电话发现处置能力。各基础电信企业要会同国家计算机网络与信息安全管理中心等单位，开展网络改号电话检测技术研究，进一步提升对网络改号电话的监测、发现、拦截、处置能力。

（十二）全面落实语音专线主叫鉴权机制。

2016年年底前，各基础电信企业语音专线主叫鉴权比例按规范达到100%，对未按规范进行主叫鉴权的呼叫一律拦截。同时，建立主叫呼叫过程的鉴权日志留存和稽核等机制，发现传送非业务合同约定的主叫号码的语音专线一律关停，对存在私自转接国际来话、为非法 VoIP 和改号电话提供语音落地、转租转售等严重问题的专线用户，应全面终止与其合作，并报通信管理部门依法依规处理。

（十三）建立网络改号呼叫源头倒查和打击机制。

严禁违法网络改号电话的运行、经营。对用户举报以及公安机关通报的网络改号电话等，通信管理部门组织基础电信企业联动倒查其话务落地源头，对为改号呼叫落地提供电信线路等资源的单位或个人，立即清理停止相关电信线路接入；涉及电信企业的，依法予以处理，并严肃追究相关部门和人员的管理责任；涉嫌违法犯罪的通报公安机关。各基础电信企业要建立健全内部快速倒查机制，设立专人负责工作对接，并按照通信管理部门规定时限要求留存信令数据。基础电信企业因规定的信令留存时限不满足等自身原因致使倒查工作无法开展的，作为改号电话呼叫来源责任方。

（十四）坚决清理网上改号软件。

2016 年 11 月底前，相关互联网企业要通过关键词屏蔽、软件下架、信息删除和账户封停等方式，对网站页面、搜索引擎、手机应用软件商城、电商平台、社交平台上的改号软件信息进行深入清理，切断下载、搜索、传播、兜售改号软件的渠道。

四、不断提升技术防范和打击能力

（十五）抓紧完成企业侧技术手段建设。

各基础电信企业要按照部《关于进一步做好防范打击通讯信息诈骗相关工作的通知》（工信部网安函〔2015〕601 号）以及《基础电信企业防范打击通讯信息诈骗不良呼叫号码处置技术能力要求》（工信厅网安〔2016〕143 号）相关要求，在 2016 年年底前全面建成防范打击通讯信息诈骗业务管理系统和用户终端侧安全提示服务两类技术手段，2017 年 3 月底前全面建成网内和网间不良呼叫号码监测处置系统，综合运用多种技术手段持续提升企业侧技术防范打击能力。

（十六）进一步打击"伪基站""黑广播"。

各地无线电管理机构要充分发挥技术优势，进一步提升对"伪基站""黑广播"的监测定位、逼近查找等技术支持能力，完善与公安、广电、民航、工商等相关部门的重大案件情况通报机制，积极配合做好"伪基站""黑广播"查处打击工作。

五、加强行业用户个人信息保护

（十七）严格保护行业用户个人信息。

电信和互联网企业要严格落实《全国人民代表大会常务委员会关于加强网络信息保护的决定》《电信和互联网用户个人信息保护规定》（工业和信息化部令第 24 号）等规定，严格用户个人信息使用内部管理，采取必要的网络安全技术保障措施。2016 年 11 月底前，各基础电信企业、移动转售企业和互联网企业要全面完成用户个人信息保护自查，重点检查营业厅、代理点等环节用户个人信息保护管理和涉及用户个人信息系统的安全防护，加强内部安全审计，严肃处理非法出售、泄露用户个人信息的问题。部将结合 2016 年网络安全防护检查工作，对基础电信企业、重点移动转售企业和互联网企业开展抽查，对于明知存在严重安全隐患仍不采取措施的，严肃查处并公开曝光。

（十八）强化手机应用软件监督管理。

加大技术检测力度，按照"发现、取证、处置、曝光"工作机制，对手机应用软件收集、使用用户个人信息情况进行技术检测，对发现的违规应用软件统一下架和公开曝光，并依法查处违规企业。

六、强化社会监督与宣传教育

（十九）强化监督举报受理与处置。

一是各基础电信企业和移动转售企业要进一步完善用户举报渠道和

方式，建立健全举报奖励制度，设立专区及时受理与处置涉嫌通讯信息诈骗用户举报。中国互联网协会要充分发挥 12321 举报平台作用，建立电话、短信、网站、手机 APP 等多渠道举报机制。二是对公安机关通报的以及 12321 举报中心受理的用户投诉举报情况，各基础电信企业和移动转售企业要逐一认真核查，并对存在的问题进行及时整改和严肃追责。

（二十）加强宣传提升用户防范能力。

一是各基础电信企业和移动转售企业要充分运用传统媒体、新媒体以及短彩信等渠道，及时向用户宣传提醒通讯信息诈骗类型和危害。二是各基础电信企业和互联网企业应向国内手机用户免费提供涉嫌通讯信息诈骗来电号码标注提醒和风险防控警示。部支持中国信息通信研究院等第三方单位，整合各类监测举报资源和手机用户标记资源，实现行业内资源共享。

七、强化行业监管与责任追究

（二十一）强化属地通信管理部门行业监管责任。

一是各通信管理局要及时对辖区基础电信企业防范打击通讯信息诈骗工作责任落实情况开展监督检查，并将检查结果纳入基础电信企业省级公司信息安全责任考核，从严扣分，同时依法依规实施行政处罚、公开曝光。二是各通信管理局要善用外部监督，根据用户举报和公安机关通报情况，对连续三个月被举报率排名全国前 5 位，或者被公安机关点名通报的基础电信企业省级公司，视情节严重程度采取约谈、责令整改、通报、公开曝光等措施。三是各通信管理局应按照《关于加强依法治理电信市场的若干规定》（信部政〔2003〕453 号）相关规定，及时反映通报基础电信企业省级公司防范打击通讯信息诈骗工作责任落实情况，作为相关基础电信企业集团公司对省级公司领导班子成员开展考核、干部调整时的重要依据。

（二十二）建立健全基础电信企业责任追究机制。

一是各基础电信企业集团公司要健全内部责任追究制度，实行防范打击通讯信息诈骗工作责任一票否决制，并在 2016 年 12 月底前，将本公司防范打击通讯信息诈骗工作责任追究制度报部审核后，向社会公布。二是基础电信企业要强化制度执行，层层签署责任书，对于未有效建立和实施业务规范、技术防范、监督检查、考核追责、教育培训等防范打击工作管理制度闭环体系，以及责任落实不到位特别是导致大案要案发生的，根据公安机关的案件通报和监管部门的责任认定意见，基础电信企业集团公司要严肃处理涉事分支机构，追究其主要领导和相关责任人员的责任，并对省级公司及集团公司相关部门领导及相关责任人采取通报、约谈、降级直至责令免职等追究措施。有关追责情况及时报部和相关通信管理局。三是各基础电信企业集团公司对下属机构的违规行为，在公司内部管理考核中从严扣分。

（二十三）健全移动转售业务监管和违规退出机制。

将 170、171 号段实名制等管理要求落实情况、公安机关通报的重大涉案情况、用户投诉举报问题突出情况等，作为移动转售企业申请扩大经营范围、增加码号资源、发放正式经营许可的一票否决项，对问题较为严重、整改不力的，一律暂停新增码号资源、扩大试点范围等相关申请受理，对问题情节严重、屡教屡犯的，依法取消其相关资质。

（二十四）加大对增值电信业务经营者和代理商违法违规行为的惩处力度。

一是对查实的违法违规电信业务经营者，由通信管理部门通报工商部门，依法纳入企业信用信息基础数据库，并适时向社会公布。二是对查实的违法增值电信企业，依法责令相关业务停业整顿直至吊销相关电信业务许可证，并按照《电信业务经营许可管理办法》等相关规定，3 年内不予审批新的电信业务经营许可。三是对查实的存在严重违规行为的代理商，相关电信企业要一律取消其代理资质。四是加大曝光力度，对违规经营行为定期或不定期向社会曝光。

（二十五）建立通信行业防范打击通讯信息诈骗"黑名单"共享机制。

部委托中国信息通信研究院牵头建立通信行业防范打击通讯信息诈骗"黑名单"全国共享库。对在防范和打击通讯信息诈骗工作中被相关部门认定违规的企业和个人，纳入黑名单，对其营业执照、法人信息、违规行为等进行详细分类记录，在全行业实现信息共享。各基础电信企业对黑名单用户在申请成为业务代理以及申请使用语音专线、"400""商务总机"等重点电信业务时一律拒绝受理。

八、切实强化防范治理的工作保障

（二十六）进一步加强组织保障。

各基础电信企业、移动转售企业和相关互联网企业要进一步健全内部网络信息安全组织体系，明确本企业防范打击通讯信息诈骗责任部门，明确其工作组织实施和内部监督考核问责职责。其中，各基础电信企业在集团公司层面要进一步健全专职网络信息安全部门，切实加强组织领导，充实工作力量，加强本企业防范打击通讯信息诈骗工作的组织保障。国家计算机网络与信息安全管理中心、中国信息通信研究院等单位要建立健全管理支撑组织体系，明确相应管理支撑部门，配齐配足人员力量，进一步强化防范打击通讯信息诈骗技术保障和法律政策研究能力，全力支撑做好防范治理相关工作。

（二十七）进一步健全安全制度体系。

各基础电信企业、移动转售企业和相关互联网企业应建立防范打击通讯信息诈骗安全管理制度，建立相关业务规范、考核奖惩、教育培训、安全事件报告等制度，制定重大突发事件应急处置预案，加强与通信管理部门工作配合和信息共享。

（二十八）进一步加强通讯信息诈骗风险评估防范。

各基础电信企业、移动转售企业和相关互联网企业要针对"一卡双号""融合通信""短信营业厅"等可能引发通讯信息诈骗风险的存量业务，重新组织开展全流程、全环节的安全评估，积极消除安全隐患；对拟新上线的业务，要把通讯信息诈骗风险作为安全评估重点内容，对存在通讯信息诈骗高安全风险的业务一律禁止上线。

（二十九）进一步加强信息通报工作。

自本意见发布之日起，各单位应当全面对照工作任务分工表（见附件），将本单位防范打击通讯信息诈骗工作进展、经验做法、存在问题和相关建议情况，于每月 1 日和 15 日报部防范打击通讯信息诈骗工作领导小组办公室（网络安全管理局），重大情况及时报告。

各地区、各单位要以对党、对人民高度负责的精神，切实增强使命感、责任感和紧迫感，把防范和打击通讯信息诈骗工作作为当前一项重大政治任务和重要民生工程，进一步加强组织领导，细化工作措施，坚决压实责任，加大工作力度，尽快取得实质性成效，实现根本性好转，使人民群众有获得感，推动通信行业健康可持续发展。

工信部关于进一步做好防范打击通讯信息诈骗相关工作的通知

工信部网安函〔2015〕601 号

各省、自治区、直辖市通信管理局，各省、自治区、直辖市无线电管理机构，中国信息通信研究院、国家计算机网络应急技术处理协调中心、国家无线电监测中心、人民邮电报社、中国互联网协会，各基础电信企业、移动通信转售企业、相关增值电信服务企业：

为切实保障正常通信秩序，保护人民群众合法权益，维护社会和谐稳定，进一步防范与打击不法分子利用通信网络实施通讯信息诈骗等违法犯罪活动，现将我部前期开展的"综合治理不良网络信息 防范打击通讯信息诈骗行动"延期至 2016 年 4 月 30 日。同时，结合国务院打击治理电信网络新型违法犯罪工作部际联席会议办公室（以下简称部际联席会议办公室）近期开展的打击治理电信网络新型违法犯罪专项行动涉及通信行业的有关工作任务和要求，现就进一步做好防范打击通讯信息诈骗等有关工作通知如下：

一、工作目标

认真贯彻落实国务院相关工作部署和要求，按照"突出重点、技管结合、落实责任、标本兼治"的总体思路，针对重点电信业务中存在的违规出租、违规使用、违规经营、主叫号码传送不规范等问题，突出抓好重点电信业务清理规范，大力加强技术防范管控力度，强化社会监督举报受理，严肃查处违法违规行为，加大工作监督检查与责任考核力度，完善固化相关工作机制，着力实现企业网络与信息安全责任落实到位、重点电信业务经营秩序有效规范、通讯信息诈骗传播渠道有力遏制、违法违规行为得到坚决惩处。

二、主要任务和工作措施

（一）整顿规范重点电信业务经营秩序

1. 严格规范语音专线出租业务。一是各基础电信企业要进一步健全语音专线用户资质审查和业务出租审批制度，坚决杜绝无审查、审批出租语音专线，严禁向个人出租语音专线，严禁无呼叫中心业务经营许可资质的企业租用语音专线经营呼叫中心业务。强化业务出租合同的责任约束，合同中必须明示允许传送的真实有效主叫号码或号段。二是各基础电信企业集团公司要全面落实语音专线出租备案与检查制度，要求所属各级企业认真填报出租专线的客户资质、使用用途、线路类型、接入位置、对端接入设备类型、允许传送的主叫号码等信息，并定期抽查复核。

2. 切实规范"一号通""400"、商务总机业务。各基础电信企业要严格落实上述电信业务实名登记制度，加强用户登记信息核实，严禁向个人用户提供"400"、商务总机业务，"400"、商务总机业务真实落地号码必须为申请单位实名办理的电话号码。对用户资质发生变化的，要建立复核制度，及时更新登记信息。在同一基础电信企业全国范围内申请多个"一号通""400"、商务总机业务号码的，要从严审核，加强监管。

3. 加强电话用户实名登记。各单位要继续深入贯彻落实《电话"黑卡"治理专项行动工作方案》（工信部联保〔2014〕570 号，以下简称"570号文"）部署，加大对违规批量办理、非实名办理电话卡行为的整治力度，对未实名登记用户，基础电信企业和移动通信转售业务经营者要采取有力措施加快推进完成实名补登。同时，各基础电信企业要加大力度，全面清理解决网络宽带地址虚假登记问题。

4．从严管理社会营销渠道。一是各基础电信企业要严格执行社会营销渠道代理资质审核制度，加强代理行为监管，严禁社会营销渠道转租转售语音专线、"一号通""400"、商务总机业务。二是今后涉及语音专线、"一号通""400"、商务总机业务的用户资质审核、实名认证、签约开户、投诉复核等环节均须由基础电信企业负责，并承担管理责任。

（二）坚决遏制虚假主叫传输与改号软件传播

1．严格规范国际通信业务出入口局主叫号码传送。各基础电信企业集团公司要认真对照《网间主叫号码的传送》等技术标准以及《关于加强国际来话中"+86"主叫号码传送管理的通知》（工信部电管函〔2013〕248号）要求，全面开展自查整改，全面落实"+86"国际虚假主叫拦截，严格规范国际主叫号码传送。对公安部核实并书面通报的涉嫌通讯信息诈骗的国际来话虚假主叫号码，由各基础电信企业集团公司在国际通信业务出入口局列入黑名单进行拦截。

2．全面实施语音专线主叫鉴权。各基础电信企业集团公司要组织所属省、市、县三级基础电信企业，加快完成老旧设备改造，全面落实语音专线主叫鉴权机制，对未鉴权的主叫呼叫一律进行拦截，除特殊用户外，不得传输主叫号码为空号以及设置主叫号码禁显的呼叫，坚决遏制虚假改号呼叫通过语音专线落地传输问题。

3．加大网内和网间虚假主叫发现与拦截力度。各基础电信企业要建立必要的网内技术监测手段，对发现的虚假改号呼叫，固定证据后进行技术拦截。加强协同配合，建立健全网间虚假号码呼叫的联动处置机制。

4．集中清理改号软件。提供搜索引擎、电商平台、应用商店、社交网络等服务的相关增值电信服务企业，加大清理力度，通过关键词屏蔽、

APP 下架等方式，斩断改号软件的网上发布、搜索、传播、销售、宣传渠道。中国互联网协会要充分发挥行业自律组织优势，加强对改号软件的社会举报受理，组织、督促应用商店及时下架。

（三）大力加强技术防范管控工作

1．建设防范打击通讯信息诈骗业务管理系统。各基础电信企业集团公司要组织建立防范打击通讯信息诈骗业务管理系统，对语音专线、"一号通""400"、商务总机等重点电信业务的开办信息进行登记、报备、审核、复查，对业务监督检查、责任追究和考核等情况予以记录和备案。

2．推动本地电信网防诈骗技术手段建设。各通信管理局、国家计算机网络应急技术处理协调中心要加强与当地相关部门的协调配合，组织基础电信企业积极推进电信网通讯信息诈骗技术防范手段建设。

3．提升用户终端安全防护能力。一是由中国互联网协会牵头，组织规范开发与推广手机客户端来电安全防护类应用，提升手机客户端来电安全防护能力。同时，整合手机安全厂商相关数据资源，实现资源共享与防控联动。二是各基础电信企业集团公司要有效整合内外部资源，向用户免费提供涉嫌通讯信息诈骗来电号码提示服务。

4．加强相关技术手段研发与规范管理。国家计算机网络应急技术处理协调中心要充分发挥技术优势，支撑我部做好通讯信息诈骗防范手段的技术研发、标准制定、规划建设与规范使用，提升对各类通讯信息诈骗的综合技术防范能力。

（四）依法严厉查处违法违规行为

1．依法查处违法违规经营电信业务行为。对各单位工作中主动发现的或社会举报的涉嫌违法违规经营国际电信业务、经营 IP 电话平台、提供 IP 电话落地及网络改号服务、经营呼叫中心业务等线索，相关省级通信管理局要牵头组织各基础电信企业依法依规严肃查处，并列入违法违规电信业务经营者黑名单，涉嫌违法犯罪的通报公安机关落地查人，形成震慑效应。

2．严厉整顿重点地区突出问题。对河北丰宁、广西宾阳、广东电白、广东茂名、海南儋州等通讯信息诈骗犯罪活动严重的重点地区，相关省级通信管理局、各基础电信企业集团公司要分别牵头，组织上述地区基础电信企业开展专项整治，针对语音专线、有线宽带、"400"等重点电信业务以及电话卡、上网卡实名登记使用情况等，逐一梳理，重拳出击，从严整顿规范电信业务经营秩序，严查严打违法违规业务行为，并通报公安机关落地查人。

3．积极配合公安机关做好打击查处工作。各通信管理局要加强与当地公安机关的协调配合，按照相关政策与要求，依法依规配合公安机关做好涉嫌通讯信息诈骗等电信网络新型违法犯罪的号码关停、涉案线索快速查询和调查取证等工作。专项行动期间，对公安机关发现、核实并书面通报的涉嫌通讯信息诈骗等电信网络新型违法犯罪号码，比照570号文中关于码号关停的工作机制执行。

4．严打"伪基站"和"黑广播"。各地无线电管理机构要充分发挥无线电监测手段的重要作用，积极配合公安、广电、工商等部门，联合开展打击治理非法生产、销售和使用"伪基站""黑广播"等无线电发射设备的违法犯罪行为。

（五）强化工作督查与责任考核

1．依托用户举报数据开展重点督查。中国互联网协会每月收集汇总用户举报数量大的涉嫌通讯信息诈骗的电话号码，通报各基础电信企业集团公司彻查违规行为源头。各基础电信企业集团公司要对发现的问题，纳入企业绩效考核，敦促相关省级公司严格整改，并严肃追究涉及违法违规的人员责任，构成犯罪的，依法移交司法机关追究刑事责任。各基础电信企业集团公司要将核查整改结果及时报我部。

2．加强基础电信企业网络信息安全责任考核。以部际联席会议办公室通报的涉及各基础电信企业违法违规案件数量和案件性质，以及在行业管理中发现查实的涉及各基础电信企业的违法违规行为作为重要考核指标，将防范打击通讯信息诈骗专项工作作为重要考核内容，纳入省级基础电信企业网络与信息安全责任考核。我部将定期汇总分析相关情况并书面通报各基础电信企业集团公司和各通信管理局，依据违法违规行为严重程度严格扣分。中国信息通信研究院做好支撑。

3．强化自查自纠与监督检查。各基础电信企业、移动通信转售业务经营者要进一步完善自查自纠工作机制，明确自查重点与标准要求，针对重点电信业务、关键业务环节和突出问题全面开展深入自查与集中整治，不留死角。各通信管理局、各基础电信企业集团公司分别牵头，突出问题导向，定期开展全面检查和专项检查，检查结果作为省级基础电信企业网络与信息安全责任考核重要依据。

4．加大处罚力度。对上述工作中发现存在违法违规行为的企业，将依法约谈，督促限期整改，对于违规行为较为严重的或者整改不力的，将依法从严处罚。

（六）加强社会监督举报与宣传引导

1．畅通社会监督举报渠道。中国互联网协会、各基础电信企业集团公司、移动通信转售业务经营者要加强社会举报渠道建设与对外宣传，进一步完善举报受理工作机制，设立通讯信息诈骗举报专区，加大举报受理力度，及时对举报投诉予以有效处理和反馈，自觉接受用户监督。

2．加强公众教育与宣传引导。一是各单位要建立宣传机制，及时向社会发布专项行动工作进展，积极营造良好社会舆论环境。人民邮电报社做好支撑配合。二是各基础电信企业、移动通信转售业务经营者要及时通过手机短彩信向用户发送防范通讯信息诈骗预警类、提醒类信息，并综合利用营业厅以及网站、微博、微信等载体，通过制作播放视频材料、悬挂警示标语、张贴防范提示、发放宣传资料等方式，深入开展经常性防范宣传教育活动，提高人民群众防范通讯信息诈骗的意识与能力。三是中国互联网协会要组织重点互联网企业，在相关网站显要位置建立专题或专栏，集中开展宣传教育活动。

三、工作要求

（一）**提高认识，加强领导，强化责任担当**。防范打击通讯信息诈骗等电信网络新型违法犯罪工作事关广大人民群众根本利益，事关通信行业社会形象与公信力，是落实行业法律责任和社会责任的根本要求。各单位要充分认识到这项工作的重要意义，进一步增强大局意识和责任意识，加强组织领导，统筹工作部署，严格责任落实。我部成立防范打击通讯信息诈骗专项工作领导小组，与各基础电信企业集团公司等相关单位建立防范打击通讯信息诈骗工作协调机制，统筹推进全国防范打击通讯信息诈骗工作。各通信管理局、各基础电信企业集团公司要牵头成立本地区、本企业防范打击通讯信息诈骗工作领导小组和办公室，确保各项工作任务落到实处。

（二）**突出重点，狠抓落实，确保工作成效**。各单位要紧紧围绕制度完善、手段建设、业务整顿、监督检查和责任追究等重点环节，进一步细化工作方案与措施，确保每项工作都有具体责任部门与责任人、有时间表和路线图，形成管理闭环，加强联动配合，切实提高防范打击通讯信息诈骗源头监管与治理能力。各基础电信企业要针对各项重点电信业务建立完善全要素、全覆盖的管理制度规范，每项制度内容都要有具体要求，有培训、有检查、有考核、有追责，完善业务流程，提高内控水平。涉及企业内部自建技术手段的，各基础电信企业要加快项目审批和建设进度，并向企业网络信息安全部门开放监督管理权限；涉及通信主管部门牵头建设的技术手段，相关企业要积极配合。

（三）**密切联系，强化协同，形成工作合力**。各单位要完善信息通报与沟通反馈机制，每月定期向我部书面报告相关工作开展情况，各基础电信企业集团公司主要报告内容应包括查处违规出租电信线路、拦截非法主叫号码、查处违规非实名办理电话卡和上网卡、依法关停涉案违法号码、查处违规行为和违规人员等情况与数量。各通信管理局要认真落实属地监管责任，加大对本地区防范打击通讯信息诈骗工作的组织协调与推进力度，加强与公安机关的沟通协调，提高工作主动性与有效性。遇重大问题及时报我部。

（四）**总结经验，持之以恒，形成长效机制**。专项行动结束后，各单位要在已有工作基础上，及时总结经验，查堵漏洞，进一步细化工作举措，狠抓工作责任落实，将行之有效的治理措施形成管理制度，建立健全长效工作机制，持续保持对通讯信息诈骗的高压打击态势，巩固工作成效。2016 年 4 月 10 日前，各单位将专项行动工作总结书面报我部。（网络安全管理局）

人民银行关于加强支付结算管理防范新型违法犯罪有关事项的通知

银发〔2016〕261 号

中国人民银行上海总部，各分行、营业管理部，各省会（首府）城市中心支行，深圳市中心支行；国家开发银行，各政策性银行、国有商业银行、股份制商业银行，中国邮政储蓄银行；中国银联股份有限公司，中国支付清算协会；各非银行支付机构：

为有效防范电信网络新型违法犯罪，切实保护人民群众财产安全和合法权益，现就加强支付结算管理有关事项通知如下：

一、加强账户实名制管理

（一）全面推进个人账户分类管理。

1. 个人银行结算账户。自 2016 年 12 月 1 日起，银行业金融机构（以下简称银行）为个人开立银行结算账户的，同一个人在同一家银行（以法人为单位，下同）只能开立一个 I 类户，已开立 I 类户，再新开户的，应当开立 II 类户或III类户。银行对本银行行内异地存取现、转账等业务，收取异地手续费的，应当自本通知发布之日起三个月内实现免费。

个人于 2016 年 11 月 30 日前在同一家银行开立多个 I 类户的，银行应当对同一存款人开户数量较多的情况进行摸排清理，要求存款人作出说明，核实其开户的合理性。对于无法核实开户合理性的，银行应当引导存款人撤销或归并账户，或者采取降低账户类别等措施，使存款人运用账户分类机制，合理存放资金，保护资金安全。

2. 个人支付账户。自 2016 年 12 月 1 日起，非银行支付机构（以下简称支付机构）为个人开立支付账户的，同一个人在同一家支付机构只能开立一个Ⅲ类账户。支付机构应当于 2016 年 11 月 30 日前完成存量支付账户清理工作，联系开户人确认需保留的账户，其余账户降低类别管理或予以撤并；开户人未按规定时间确认的，支付机构应当保留其使用频率较高和金额较大的账户，后续可根据其申请进行变更。

（二）暂停涉案账户开户人名下所有账户的业务。

自 2017 年 1 月 1 日起，对于不法分子用于开展电信网络新型违法犯罪的作案银行账户和支付账户，经设区的市级及以上公安机关认定并纳入电信网络新型违法犯罪交易风险事件管理平台"涉案账户"名单的，银行和支付机构中止该账户所有业务。

银行和支付机构应当通知涉案账户开户人重新核实身份，如其未在 3 日内向银行或者支付机构重新核实身份的，应当对账户开户人名下其他银行账户暂停非柜面业务，支付账户暂停所有业务。银行和支付机构重新核实账户开户人身份后，可以恢复除涉案账户外的其他账户业务；账户开户人确认账户为他人冒名开立的，应当向银行和支付机构出具被冒用身份开户并同意销户的声明，银行和支付机构予以销户。

（三）建立对买卖银行账户和支付账户、冒名开户的惩戒机制。

自 2017 年 1 月 1 日起，银行和支付机构对经设区的市级及以上公安机关认定的出租、出借、出售、购买银行账户（含银行卡，下同）或者支付账户的单位和个人及相关组织者，假冒他人身份或者虚构代理关系开立银行账户或者支付账户的单位和个人，5 年内暂停其银行账户非柜面业务、支付账户所有业务，3 年内不得为其新开立账户。人民银行将上述单位和个人信息移送金融信用信息基础数据库并向社会公布。

（四）加强对冒名开户的惩戒力度。银行在办理开户业务时，发现个人冒用他人身份开立账户的，应当及时向公安机关报案并将被冒用的身份证件移交公安机关。

（五）建立单位开户审慎核实机制。对于被全国企业信用信息公示系统列入"严重违法失信企业名单"，以及经银行和支付机构核实单位注册地址不存在或者虚构经营场所的单位，银行和支付机构不得为其开户。银行和支付机构应当至少每季度排查企业是否属于严重违法企业，情况属实的，应当在 3 个月内暂停其业务，逐步清理。

对存在法定代表人或者负责人对单位经营规模及业务背景等情况不清楚、注册地和经营地均在异地等异常情况的单位，银行和支付机构应当加强对单位开户意愿的核查。银行应当对法定代表人或者负责人面签并留存视频、音频资料等，开户初期原则上不开通非柜面业务，待后续了解后再审慎开通。支付机构应当留存单位法定代表人或者负责人开户时的视频、音频资料等。

支付机构为单位开立支付账户，应当参照《人民币银行结算账户管理办法》（中国人民银行令〔2003〕第 5 号发布）第十七条、第二十四条、第二十六条等相关规定，要求单位提供相关证明文件，并自主或者委托合作机构以面对面方式核实客户身份，或者以非面对面方式通过至少三个合法安全的外部渠道对单位基本信息进行多重交叉验证。对于本通知发布之日前已经开立支付账户的单位，支付机构应当于 2017 年 6 月底前按照上述要求核实身份，完成核实前不得为其开立新的支付账户；逾期未完成核实的，支付账户只收不付。支付机构完成核实工作后，将有关情况报告法人所在地人民银行分支机构。

支付机构应当加强对使用个人支付账户开展经营性活动的资金交易监测和持续性客户管理。

（六）加强对异常开户行为的审核。有下列情形之一的，银行和支付机构有权拒绝开户：

1．对单位和个人身份信息存在疑义，要求出示辅助证件，单位和个人拒绝出示的。

2．单位和个人组织他人同时或者分批开立账户的。

3．有明显理由怀疑开立账户从事违法犯罪活动的。

银行和支付机构应当加强账户交易活动监测，对开户之日起 6 个月内无交易记录的账户，银行应当暂停其非柜面业务，支付机构应当暂停其所有业务，银行和支付机构向单位和个人重新核实身份后，可以恢复其业务。

（七）严格联系电话号码与身份证件号码的对应关系。

银行和支付机构应当建立联系电话号码与个人身份证件号码的一一对应关系，对多人使用同一联系电话号码开立和使用账户的情况进行排查清理，联系相关当事人进行确认。对于成年人代理未成年人或者老年人开户预留本人联系电话等合理情形的，由相关当事人出具说明后可以保持不变；对于单位批量开户，预留财务人员联系电话等情形的，应当变更为账户所有人本人的联系电话；对于无法证明合理性的，应当对相关银行账户暂停非柜面业务，支付账户暂停所有业务。

二、加强转账管理

（八）增加转账方式，调整转账时间。自 2016 年 12 月 1 日起，银行和支付机构提供转账服务时应当执行下列规定：

1．向存款人提供实时到账、普通到账、次日到账等多种转账方式选择，存款人在选择后才能办理业务。

2．除向本人同行账户转账外，个人通过自助柜员机（含其他具有存取款功能的自助设备，下同）转账的，发卡行在受理 24 小时后办理资金转账。在发卡行受理后 24 小时内，个人可以向发卡行申请撤销转账。受理行应当在受理结果界面对转账业务办理时间和可撤销规定作出明确提示。

3．银行通过自助柜员机为个人办理转账业务的，应当增加汉语语音提示，并通过文字、标识、弹窗等设置防诈骗提醒；非汉语提示界面应当对资金转出等核心关键字段提供汉语提示，无法提示的，不得提供转账。

（九）加强银行非柜面转账管理。

自 2016 年 12 月 1 日起，银行在为存款人开通非柜面转账业务时，应当与存款人签订协议，约定非柜面渠道向非同名银行账户和支付账户转账的日累计限额、笔数和年累计限额等，超出限额和笔数的，应当到银行柜面办理。

除向本人同行账户转账外，银行为个人办理非柜面转账业务，单日累计金额超过 5 万元的，应当采用数字证书或者电子签名等安全可靠的支付指令验证方式。单位、个人银行账户非柜面转账单日累计金额分别超过 100 万元、30 万元的，银行应当进行大额交易提醒，单位、个人确认后方可转账。

（十）加强支付账户转账管理。

自 2016 年 12 月 1 日起，支付机构在为单位和个人开立支付账户时，应当与单位和个人签订协议，约定支付账户与支付账户、支付账户与银行账户之间的日累计转账限额和笔数，超出限额和笔数的，不得再办理转账业务。

（十一）加强交易背景调查。

银行和支付机构发现账户存在大量转入转出交易的，应当按照"了解你的客户"原则，对单位或者个人的交易背景进行调查。如发现存在异常的，应当按照审慎原则调整向单位和个人提供的相关服务。

（十二）加强特约商户资金结算管理。

银行和支付机构为特约商户提供 T+0 资金结算服务的，应当对特约商户加强交易监测和风险管理，不得为入网不满 90 日或者入网后连续正常交易不满 30 日的特约商户提供 T+0 资金结算服务。

三、加强银行卡业务管理

（十三）严格审核特约商户资质，规范受理终端管理。

任何单位和个人不得在网上买卖 POS 机（包括 MPOS）、刷卡器等受理终端。银行和支付机构应当对全部实体特约商户进行现场检查，逐一核对其受理终端的使用地点。对于违规移机使用、无法确认实际使用地点的受理终端一律停止业务功能。银行和支付机构应当于 2016 年 11 月 30 日前形成检查报告备查。

（十四）建立健全特约商户信息管理系统和黑名单管理机制。

中国支付清算协会、银行卡清算机构应当建立健全特约商户信息管理系统，组织银行、支付机构详细记录特约商户基本信息、启动和终止服务情况、合规风险状况等。对同一特约商户或者同一个人控制的特约商户反复更换服务机构等异常状况的，银行和支付机构应当审慎为其提供服务。

中国支付清算协会、银行卡清算机构应当建立健全特约商户黑名单管理机制，将因存在重大违规行为被银行和支付机构终止服务的特约商户及其法定代表人或者负责人、公安机关认定为违法犯罪活动转移赃款提供便利的特约商户及相关个人、公安机关认定的买卖账户的单位和个人等，列入黑名单管理。中国支付清算协会应当将黑名单信息移送金融信用信息基础数据库。银行和支付机构不得将黑名单中的单位以及由相关个人担任法定代表人或者负责人的单位拓展为特约商户；已经拓展为特约商户的，应当自该特约商户被列入黑名单之日起 10 日内予以清退。

四、强化可疑交易监测

（十五）确保交易信息真实、完整、可追溯。

支付机构与银行合作开展银行账户付款或者收款业务的，应当严格执行《银行卡收单业务管理办法》（中国人民银行令〔2013〕第 9 号发布）、

《非银行支付机构网络支付业务管理办法》（中国人民银行公告〔2015〕第 43 号公布）等制度规定，确保交易信息的真实性、完整性、可追溯性以及在支付全流程中的一致性，不得篡改或者隐匿交易信息，交易信息应当至少保存 5 年。银行和支付机构应当于 2017 年 3 月 31 日前按照网络支付报文相关金融行业技术标准完成系统改造，逾期未完成改造的，暂停有关业务。

（十六）加强账户监测。

银行和支付机构应当加强对银行账户和支付账户的监测，建立和完善可疑交易监测模型，账户及其资金划转具有集中转入分散转出等可疑交易特征的（详见附件 1），应当列入可疑交易。

对于列入可疑交易的账户，银行和支付机构应当与相关单位或者个人核实交易情况；经核实后银行和支付机构仍然认定账户可疑的，银行应当暂停账户非柜面业务，支付机构应当暂停账户所有业务，并按照规定报送可疑交易报告或者重点可疑交易报告；涉嫌违法犯罪的，应当及时向当地公安机关报告。

（十七）强化支付结算可疑交易监测的研究。

中国支付清算协会、银行卡清算机构应当根据公安机关、银行、支付机构提供的可疑交易情形，构建可疑交易监测模型，向银行和支付机构发布。

五、健全紧急止付和快速冻结机制

（十八）理顺工作机制，按期接入电信网络新型违法犯罪交易风险事件管理平台。

2016 年 11 月 30 日前，支付机构应当理顺本机构协助有权机关查询、止付、冻结和扣划工作流程；实现查询账户信息和交易流水以及账户止付、冻结和扣划等；指定专人专岗负责协助查询、止付、冻结和扣划工作，不得推诿、拖延。银行、从事网络支付的支付机构应当根据有关要求，按时完成本单位核心系统的开发和改造工作，在 2016 年年底前全部接入电信网络新型违法犯罪交易风险事件管理平台。

六、加大对无证机构的打击力度

（十九）依法处置无证机构。

人民银行分支机构应当充分利用支付机构风险专项整治工作机制，加强与地方政府以及工商部门、公安机关的配合，及时出具相关非法从事资金支付结算的行政认定意见，加大对无证机构的打击力度，尽快依法处置一批无证经营机构。人民银行上海总部，各分行、营业管理部、省会（首府）城市中心支行应当按月填制《无证经营支付业务专项整治工作进度表》（见附件 2），将辖区工作进展情况上报总行。

七、建立责任追究机制

（二十）严格处罚，实行责任追究。

人民银行分支机构、银行和支付机构应当履职尽责，确保打击治理电信网络新型违法犯罪工作取得实效。

凡是发生电信网络新型违法犯罪案件的，应当倒查银行、支付机构的责任落实情况。银行和支付机构违反相关制度以及本通知规定的，应当按照有关规定进行处罚；情节严重的，人民银行依据《中华人民共和国中国人民银行法》第四十六条的规定予以处罚，并可采取暂停 1 个月至 6 个月新开立账户和办理支付业务的监管措施。

凡是人民银行分支机构监管责任不落实，导致辖区内银行和支付机构未有效履职尽责，公众在电信网络新型违法犯罪活动中遭受严重资金损失，产生恶劣社会影响的，应当对人民银行分支机构进行问责。

人民银行分支机构、银行、支付机构、中国支付清算协会、银行卡清算机构应当按照规定向人民银行总行报告本通知执行情况并填报有关统计表（具体报送方式及内容见附件 3）。

请人民银行上海总部，各分行、营业管理部、省会（首府）城市中心支行，深圳市中心支行及时将该通知转发至辖区内各城市商业银行、农村商业银行、农村合作银行、村镇银行、城市信用社、农村信用社和外资银行等。

各单位在执行中如遇问题，请及时向人民银行报告。

中国人民银行

2016 年 9 月 30 日

央行有关负责人就联合整治非法买卖银行卡
信息专项行动答记者问

近日，中国人民银行联合工业和信息化部、公安部、工商总局、银监会、国家互联网信息办公室等五部门印发了《关于开展联合整治非法买卖银行卡信息专项行动的通知》（银发〔2016〕235 号，以下简称《通知》），决定于 2016 年 9 月至 2017 年 4 月在全国范围内开展联合整治非法买卖银行卡信息专项行动。日前，人民银行相关负责人就专项行动有关问题回答了记者提问。

一、当前我国银行卡的总体安全情况怎么样？

近年来，随着我国社会经济的快速发展和居民消费水平的不断提高，银行卡作为方便、快捷的非现金支付工具被社会公众广泛接受并运用于日常生活中，已经成为我国社会公众使用最为广泛的非现金支付工具，有效地拉动了消费，促进了商贸流通。2015 年，我国银行卡在用发卡量达到 54.42 亿张，同比增长 10.25%；交易 852.29 亿笔，同比增长 43.07%；金额 669.82 万亿元，同比增长 48.88%；银行卡渗透率达到 47.96%，同比增长 0.26 个百分点。

人民银行一直以来高度重视银行卡安全，组织银行业金融机构和银行卡清算机构切实采取措施保护银行卡资金和信息安全。目前，我国银行卡总体安全，银行卡欺诈情况好于国际平均水平及美国和欧洲等西方国家和地区。2015 年全球银行卡欺诈率约为 7.76BP（每万元中发生的欺诈金额占比），实际造成的欺诈损失为 4.17BP，美国和欧洲地区的银行卡欺诈率分别为 14.19BP 和 5.29BP，欺诈损失率分别为 7.86BP 和 1.38BP。同期，我国银行卡欺诈率为 1.99BP，欺诈损失率为 0.13BP。此次开展联合整治非法买卖银行卡信息专项行动，将从源头上打击银行卡欺诈等违法犯罪活动，进一步提高我国银行卡的安全性。

二、请问组织开展此次专项行动的背景是什么？

在我国银行卡业务发展良好、交易数量和金额不断增长的情况下，银行卡信息也成为不法分子窥窃的目标。不法分子通过电信技术、黑客技术和改造银行卡收单受理终端（POS 机具）等手段，窃取银行卡信息进而盗取卡内资金的违法犯罪活动日益猖厥，对社会公众利益和金融体系安全造成了严重威胁。为此，人民银行联合工业和信息化部、公安部、工商总局、银监会、国家互联网信息办公室决定开展联合整治非法买卖银行卡信息专项行动，采取有效措施保护社会公众的银行卡信息安全，维护银行卡用户合法权益。

三、当前不法分子非法获取银行卡信息的主要途径有哪些？

目前，不法分子非法窃取银行卡信息的主要途径有：第一，通过电信网络手段窃取银行卡信息。一是搭建免费 Wi-Fi"陷阱"，引诱受害人接入，窃取受害人在手机和电脑上使用过的银行卡信息。二是散播隐藏木马的图片、链接或恶意应用程序（APP），控制受害人手机或电脑，窃取手机和电脑中使用过的银行卡信息。三是冒充亲朋好友、公检法、通信运营商、银行和商户发送诈骗短信，以借钱、涉案、退税、中奖、积分兑换、退款等为由，诱使受害人点击短信中的诈骗链接登录钓鱼网站，输入银行卡信息。第二，攻击相关系统窃取银行卡信息。一是攻击网络服务系统。如招聘网站、电子邮件服务器、医院学校等互联网服务系统，将大量数据交叉碰撞匹配后整理出银行卡信息。二是攻击非银行支付机构（以下简称支付机构）和电子商务平台业务系统，直接窃取系统中留存的银行卡信息。三是攻击航空公司、电子商务平台业务系统，窃取受害人交易信息，以退票、退款等为由诱使受害人提供银行卡信息。第三，改装银行卡 POS 机具，安装电路板和通用分组无线服务（GPRS）技术发射模块，在受害人刷卡付费时侧录银行卡磁道信息。第四，内外勾结，通过电商平台、商业机构、医疗机构、教育机构、房屋中介等机构以及个别银行业金融机构（以下简称银行）、支付机构内部人员、外包单位工作人员获取银行卡信息。

四、专项行动将采取哪些措施？

针对当前不法分子窃取银行卡信息的渠道，专项行动将采取以下 6 个方面的行动：第一，破获一批非法买卖银行卡信息的犯罪案件，加大对窃取、收买、非法提供银行卡信息等犯罪的打击力度，严惩非法买卖银行卡信息的犯罪分子。第二，集中整治用于非法采集银行卡信息的钓鱼网站、恶意程序（APP），对拒不整改或者违法情节严重的互联网站，依法吊销相关电信经营许可或注销网站备案。第三，检查银行、支付机构、银行卡清算机构的账户信息保护内控管理措施和支付业务系统安全性，排查存放大量公民个人信息的互联网站和重点行业、单位和企业的信息保护制度和系统的风险漏洞。第四，组织开展对银行和支付机构布放的 POS 机具的安全性和标准符合性检查，严肃查处特约商户使用非法改装 POS 机具的行为，整治网上从事 POS 改装的商家和网站。第五，依法关停一批发布银行卡信息非法买卖交易的网站和网络账号，清理网上非法买卖银行卡信息的有害信息。第六，加强社会公众安全使用银行卡的宣传教育，实现银行卡风险宣传教育的常态化和持续化。

专项行动的工作目标是形成对不法分子非法买卖银行卡信息的强大威慑力，有效防范各单位存储的银行卡信息泄露，增强社会公众的银行卡信息安全保护和网络安全意识，切实保护银行卡持卡人合法权益。

五、社会公众应如何有效保护自身银行卡信息安全？

社会公众在日常生活中，应当加强对个人信息尤其是银行卡信息的保护，建议在以下几方面做好信息保护工作。

1．妥善保管好自己的身份证件、银行卡、网银 U 盾、手机，不借给他人使用，一旦丢失要立即挂失。

2．开通银行账户变动短信提醒，仔细核对交易业务类型、交易商户和金额是否正确，关注账户变动情况，定期检查账户资金交易明细和余额。

3．不要随意丢弃银行卡刷卡消费或使用 ATM 设备的交易凭条。

4．不要轻易向外透露身份证件号码、账号、卡片信息等；不相信任何索要银行卡密码和手机验证码的行为，不向银行和支付机构业务流程外的任何渠道提供银行卡密码和手机验证码；不向任何人发送带有银行卡信息和支付信息的图片。

5．不轻信、不回拨收到的异常信息或电话，如接到银行、支付机构打来的电话，应当重新拨打客服电话进行核实。

6．谨防木马病毒，不点击短信、网络聊天工具或网站中的可疑链接，不登录非法网站，慎扫不明来历的二维码，慎连免费 Wi-Fi，连接免费 Wi-Fi 时不登录网上银行、手机银行、支付机构 APP 进行账户查询、支付等操作。

7．妥善设置银行卡密码，不使用同一数字、生日、身份证号码等容易被猜测的简单密码；不将银行卡密码作为其他网站、APP 的密码，多张银行卡不使用同一密码，并定期更改银行卡密码。

8．有效防范资金风险，使用资金额较少的银行卡或开立个人 II 类、III 类户专门用于办理网络支付。

9．将银行卡磁条卡更换为芯片卡。

六、社会公众发现银行卡信息泄露应当如何处理？

在日常生活中，社会公众向他人提供身份信息和银行卡信息的途径和情形较多，信息泄露的可能性也随之增大。社会公众发现自身信息泄露毋须恐慌，不法分子利用窃取的银行卡信息实施资金盗窃需要获取持卡人手机短信验证码等条件，信息泄露并不一定会发生银行卡资金损失风险，只要加强防范意识，及时采取相应措施，可以有效保护自身财产安全。社会公众在发现以下异常情况时要立即联系银行或者扣款的支付机构进行处理，或者向公安机关报案：

1．收到银行发送的非本人行为的异常交易短信；

2．已开通银行账户变动短信提醒，但手机在一段时间内无法收到任何短信；

3．收到伪冒银行短信，且个人信息和卡片信息均正确；

4．在不能确认安全的网站上输入了银行卡信息，或不慎点击可疑短信中的木马链接；

5．向陌生人透漏了卡片正反面信息；

6．在商户 POS 刷卡或在 ATM 上使用银行卡时发现设备有异常；

7．曾在发生过风险的场所或地区使用过银行卡，接到银行的风险提示。

如尚未发生银行卡盗刷，仅怀疑相关信息已经泄露，可采取以下措施进行防范：尽快修改密码或挂失换卡，如银行卡为磁条卡，应尽快挂失并更换芯片卡。如已发生银行卡盗刷，切勿急躁，要合理应对以减少损失。首先应当尽快采取措施联系银行挂失，降低资金进一步损失的可能性，其次应及时向公安机关报案，提供有关证据，积极配合公安机关开展案件调查。

七、社会公众如何利用Ⅰ类、Ⅲ类银行结算账户来保护资金安全?

为顺应银行便利个人开立和使用银行账户的创新需求,并加强账户资金安全保护,人民银行于 2015 年 12 月发布了《中国人民银行关于改进个人银行账户服务 加强账户管理的通知》,建立了个人银行账户分类管理机制,该通知于 2016 年 4 月 1 日正式实施。个人银行结算账户按照开户申请人身份信息核验方式和风险等级分为Ⅰ、Ⅱ和Ⅲ类。Ⅰ类户是全功能账户,即目前个人通常开立的银行卡,可以办理存款、转账、消费、缴费和购买投资理财产品等。Ⅱ、Ⅲ类户是个人通过网上银行、柜台、自助机具等渠道开立的限制功能账户,Ⅱ类户可以用于存款、购买投资理财产品和每日不超过 1 万元的消费和缴费,Ⅲ类户可以用于小额消费和缴费,账户余额不能超过 1000 元。

正是由于Ⅱ、Ⅲ类户的消费和缴费金额受到一定的限制,社会公众在进行小额网络支付、手机支付时可以选用Ⅱ、Ⅲ类户,这样可以有效隔离资金风险,保护账户资金安全。

八、为什么要把银行卡的磁条卡更换为芯片卡?

在银行卡发行早期,各银行发行的都是磁条卡,通过对磁条信息的读取、比对完成交易。随着 IT 技术的普及发展,磁条卡因其信息存储量小、信息易被窃取等弱点,逐渐成为犯罪分子的攻击对象。芯片卡以芯片为介质,信息容量大,可以存储密钥、数字证书、指纹等信息,具有更加可靠的安全性,被复制的难度远高于磁条卡。在线下使用芯片卡进行交易,安全性更高。因此,建议社会公众到银行将银行卡磁条卡更换为芯片卡。

九、除专项行动外,人民银行将采取哪些措施持续保护银行卡信息安全?

除专项行动外,人民银行将会同相关部门进一步组织银行、支付机构、中国支付清算协会和银行卡清算机构加强银行卡信息安全管理：一是采取技术和业务措施加强银行卡信息保护。强化支付敏感信息内控管理、安全防护和交易密码保护机制，全面应用支付标记化技术，推动银行卡存量磁条卡向芯片卡升级换代，加强 POS 机具安全管理，加强特约商户实名制管理，建立健全特约商户黑名单管理制度等。二是组织银行及非银行支付机构加强可疑交易监测，延缓资金汇划清算，阻断高风险清算。三是严格落实银行卡收单业务管理规定、国家网络安全和标准相关规定，建立健全银行卡风险管理监督检查机制，加大对银行和支付机构违规行为的处罚力度。四是继续督促银行和支付机构规范内部信息管理和员工操作。五是组织加强个人银行卡使用安全知识的宣传教育，强化社会公众自我保护意识。

最高人民法院　最高人民检察院　公安部关于办理电信网络诈骗等刑事案件适用法律若干问题的意见

为依法惩治电信网络诈骗等犯罪活动，保护公民、法人和其他组织的合法权益，维护社会秩序，根据《中华人民共和国刑法》《中华人民共和国刑事诉讼法》等法律和有关司法解释的规定，结合工作实际，制定本意见。

一、总体要求

近年来，利用通讯工具、互联网等技术手段实施的电信网络诈骗犯罪活动持续高发，侵犯公民个人信息，扰乱无线电通讯管理秩序，掩饰、隐瞒犯罪所得、犯罪所得收益等上下游关联犯罪不断蔓延。此类犯罪严重侵害人民群众财产安全和其他合法权益，严重干扰电信网络秩序，严重破坏社会诚信，严重影响人民群众安全感和社会和谐稳定，社会危害性大，人民群众反映强烈。

人民法院、人民检察院、公安机关要针对电信网络诈骗等犯罪的特点，坚持全链条全方位打击，坚持依法从严从快惩处，坚持最大力度最大限度追赃挽损，进一步健全工作机制，加强协作配合，坚决有效遏制电信网络诈骗等犯罪活动，努力实现法律效果和社会效果的高度统一。

二、依法严惩电信网络诈骗犯罪

（一）根据《最高人民法院、最高人民检察院关于办理诈骗刑事案件具体应用法律若干问题的解释》第一条的规定，利用电信网络技术手段实施诈骗，诈骗公私财物价值三千元以上、三万元以上、五十万元以上的，应当分别认定为刑法第二百六十六条规定的"数额较大""数额巨大""数额特别巨大"。

二年内多次实施电信网络诈骗未经处理，诈骗数额累计计算构成犯罪的，应当依法定罪处罚。

（二）实施电信网络诈骗犯罪，达到相应数额标准，具有下列情形之一的，酌情从重处罚：

1．造成被害人或其近亲属自杀、死亡或者精神失常等严重后果的；

2．冒充司法机关等国家机关工作人员实施诈骗的；

3．组织、指挥电信网络诈骗犯罪团伙的；

4．在境外实施电信网络诈骗的；

5．曾因电信网络诈骗犯罪受过刑事处罚或者二年内曾因电信网络诈骗受过行政处罚的；

6．诈骗残疾人、老年人、未成年人、在校学生、丧失劳动能力人的财物，或者诈骗重病患者及其亲属财物的；

7．诈骗救灾、抢险、防汛、优抚、扶贫、移民、救济、医疗等款物的；

8．以赈灾、募捐等社会公益、慈善名义实施诈骗的；

9．利用电话追呼系统等技术手段严重干扰公安机关等部门工作的；

10．利用"钓鱼网站"链接、"木马"程序链接、网络渗透等隐蔽技术手段实施诈骗的。

（三）实施电信网络诈骗犯罪，诈骗数额接近"数额巨大""数额特别巨大"的标准，具有前述第（二）条规定的情形之一的，应当分别认定为刑法第二百六十六条规定的"其他严重情节""其他特别严重情节"。

上述规定的"接近"，一般应掌握在相应数额标准的百分之八十以上。

（四）实施电信网络诈骗犯罪，犯罪嫌疑人、被告人实际骗得财物的，以诈骗罪（既遂）定罪处罚。诈骗数额难以查证，但具有下列情形之一的，应当认定为刑法第二百六十六条规定的"其他严重情节"，以诈骗罪（未遂）定罪处罚：

1．发送诈骗信息五千条以上的，或者拨打诈骗电话五百人次以上的；

2．在互联网上发布诈骗信息，页面浏览量累计五千次以上的。

具有上述情形，数量达到相应标准十倍以上的，应当认定为刑法第二百六十六条规定的"其他特别严重情节"，以诈骗罪（未遂）定罪处罚。

上述"拨打诈骗电话"，包括拨出诈骗电话和接听被害人回拨电话。反复拨打、接听同一电话号码，以及反复向同一被害人发送诈骗信息的，拨打、接听电话次数、发送信息条数累计计算。

因犯罪嫌疑人、被告人故意隐匿、毁灭证据等原因，致拨打电话次数、发送信息条数的证据难以收集的，可以根据经查证属实的日拨打人次数、日发送信息条数，结合犯罪嫌疑人、被告人实施犯罪的时间、犯罪嫌疑人、被告人的供述等相关证据，综合予以认定。

（五）电信网络诈骗既有既遂，又有未遂，分别达到不同量刑幅度的，依照处罚较重的规定处罚；达到同一量刑幅度的，以诈骗罪既遂处罚。

（六）对实施电信网络诈骗犯罪的被告人裁量刑罚，在确定量刑起点、基准刑时，一般应就高选择。确定宣告刑时，应当综合全案事实情节，准确把握从重、从轻量刑情节的调节幅度，保证罪责刑相适应。

（七）对实施电信网络诈骗犯罪的被告人，应当严格控制适用缓刑的范围，严格掌握适用缓刑的条件。

（八）对实施电信网络诈骗犯罪的被告人，应当更加注重依法适用财产刑，加大经济上的惩罚力度，最大限度剥夺被告人再犯的能力。

三、全面惩处关联犯罪

（一）在实施电信网络诈骗活动中，非法使用"伪基站""黑广播"，干扰无线电通讯秩序，符合刑法第二百八十八条规定的，以扰乱无线电通讯管理秩序罪追究刑事责任。同时构成诈骗罪的，依照处罚较重的规定定罪处罚。

（二）违反国家有关规定，向他人出售或者提供公民个人信息，窃取或者以其他方法非法获取公民个人信息，符合刑法第二百五十三条之一规定的，以侵犯公民个人信息罪追究刑事责任。

使用非法获取的公民个人信息，实施电信网络诈骗犯罪行为，构成数罪的，应当依法予以并罚。

（三）冒充国家机关工作人员实施电信网络诈骗犯罪，同时构成诈骗罪和招摇撞骗罪的，依照处罚较重的规定定罪处罚。

（四）非法持有他人信用卡，没有证据证明从事电信网络诈骗犯罪活动，符合刑法第一百七十七条之一第一款第（二）项规定的，以妨害信用卡管理罪追究刑事责任。

（五）明知是电信网络诈骗犯罪所得及其产生的收益，以下列方式之一予以转账、套现、取现的，依照刑法第三百一十二条第一款的规定，以掩饰、隐瞒犯罪所得、犯罪所得收益罪追究刑事责任。但有证据证明确实不知道的除外：

1. 通过使用销售点终端机具（POS 机）刷卡套现等非法途径，协助转换或者转移财物的；

2. 帮助他人将巨额现金散存于多个银行账户，或在不同银行账户之间频繁划转的；

3. 多次使用或者使用多个非本人身份证明开设的信用卡、资金支付结算账户或者多次采用遮蔽摄像头、伪装等异常手段，帮助他人转账、套现、取现的；

4. 为他人提供非本人身份证明开设的信用卡、资金支付结算账户后，又帮助他人转账、套现、取现的；

5．以明显异于市场的价格，通过手机充值、交易游戏点卡等方式套现的。

实施上述行为，事前通谋的，以共同犯罪论处。

实施上述行为，电信网络诈骗犯罪嫌疑人尚未到案或案件尚未依法裁判，但现有证据足以证明该犯罪行为确实存在的，不影响掩饰、隐瞒犯罪所得、犯罪所得收益罪的认定。

实施上述行为，同时构成其他犯罪的，依照处罚较重的规定定罪处罚。法律和司法解释另有规定的除外。

（六）网络服务提供者不履行法律、行政法规规定的信息网络安全管理义务，经监管部门责令采取改正措施而拒不改正，致使诈骗信息大量传播，或者用户信息泄露造成严重后果的，依照刑法第二百八十六条之一的规定，以拒不履行信息网络安全管理义务罪追究刑事责任。同时构成诈骗罪的，依照处罚较重的规定定罪处罚。

（七）实施刑法第二百八十七条之一、第二百八十七条之二规定之行为，构成非法利用信息网络罪、帮助信息网络犯罪活动罪，同时构成诈骗罪的，依照处罚较重的规定定罪处罚。

（八）金融机构、网络服务提供者、电信业务经营者等在经营活动中，违反国家有关规定，被电信网络诈骗犯罪分子利用，使他人遭受财产损失的，依法承担相应责任。构成犯罪的，依法追究刑事责任。

四、准确认定共同犯罪与主观故意

（一）三人以上为实施电信网络诈骗犯罪而组成的较为固定的犯罪组织，应依法认定为诈骗犯罪集团。对组织、领导犯罪集团的首要分子，按照集团所犯的全部罪行处罚。对犯罪集团中组织、指挥、策划者和骨干分子依法从严惩处。

对犯罪集团中起次要、辅助作用的从犯，特别是在规定期限内投案自首、积极协助抓获主犯、积极协助追赃的，依法从轻或减轻处罚。

对犯罪集团首要分子以外的主犯，应当按照其所参与的或者组织、指挥的全部犯罪处罚。全部犯罪包括能够查明具体诈骗数额的事实和能够查明发送诈骗信息条数、拨打诈骗电话人次数、诈骗信息网页浏览次数的事实。

（二）多人共同实施电信网络诈骗，犯罪嫌疑人、被告人应对其参与期间该诈骗团伙实施的全部诈骗行为承担责任。在其所参与的犯罪环节中起主要作用的，可以认定为主犯；起次要作用的，可以认定为从犯。

上述规定的"参与期间"，从犯罪嫌疑人、被告人着手实施诈骗行为开始起算。

（三）明知他人实施电信网络诈骗犯罪，具有下列情形之一的，以共同犯罪论处，但法律和司法解释另有规定的除外：

1．提供信用卡、资金支付结算账户、手机卡、通讯工具的；

2．非法获取、出售、提供公民个人信息的；

3．制作、销售、提供"木马"程序和"钓鱼软件"等恶意程序的；

4．提供"伪基站"设备或相关服务的；

5．提供互联网接入、服务器托管、网络存储、通讯传输等技术支持，或者提供支付结算等帮助的；

6．在提供改号软件、通话线路等技术服务时，发现主叫号码被修改为国内党政机关、司法机关、公共服务部门号码，或者境外用户改为境内号码，仍提供服务的；

7．提供资金、场所、交通、生活保障等帮助的；

8．帮助转移诈骗犯罪所得及其产生的收益，套现、取现的。

上述规定的"明知他人实施电信网络诈骗犯罪"，应当结合被告人的认知能力，既往经历，行为次数和手段，与他人关系，获利情况，是否曾因电信网络诈骗受过处罚，是否故意规避调查等主客观因素进行综合分析认定。

（四）负责招募他人实施电信网络诈骗犯罪活动，或者制作、提供诈骗方案、术语清单、语音包、信息等的，以诈骗共同犯罪论处。

（五）部分犯罪嫌疑人在逃，但不影响对已到案共同犯罪嫌疑人、被告人的犯罪事实认定的，可以依法先行追究已到案共同犯罪嫌疑人、被告人的刑事责任。

五、依法确定案件管辖

（一）电信网络诈骗犯罪案件一般由犯罪地公安机关立案侦查，如果由犯罪嫌疑人居住地公安机关立案侦查更为适宜的，可以由犯罪嫌疑人居住地公安机关立案侦查。犯罪地包括犯罪行为发生地和犯罪结果发生地。

"犯罪行为发生地"包括用于电信网络诈骗犯罪的网站服务器所在地，网站建立者、管理者所在地，被侵害的计算机信息系统或其管理者所在地，犯罪嫌疑人、被害人使用的计算机信息系统所在地，诈骗电话、短信息、电子邮件等的拨打地、发送地、到达地、接受地，以及诈骗行为持续发生的实施地、预备地、开始地、途经地、结束地。

"犯罪结果发生地"包括被害人被骗时所在地，以及诈骗所得财物的实际取得地、藏匿地、转移地、使用地、销售地等。

（二）电信网络诈骗最初发现地公安机关侦办的案件，诈骗数额当时未达到"数额较大"标准，但后续累计达到"数额较大"标准，可由最初发现地公安机关立案侦查。

（三）具有下列情形之一的，有关公安机关可以在其职责范围内并案侦查：

1．一人犯数罪的；

2．共同犯罪的；

3．共同犯罪的犯罪嫌疑人还实施其他犯罪的；

4．多个犯罪嫌疑人实施的犯罪存在直接关联，并案处理有利于查明案件事实的。

（四）对因网络交易、技术支持、资金支付结算等关系形成多层级链条、跨区域的电信网络诈骗等犯罪案件，可由共同上级公安机关按照有利于查清犯罪事实、有利于诉讼的原则，指定有关公安机关立案侦查。

（五）多个公安机关都有权立案侦查的电信网络诈骗等犯罪案件，由最初受理的公安机关或者主要犯罪地公安机关立案侦查。有争议的，按照有利于查清犯罪事实、有利于诉讼的原则，协商解决。经协商无法达成一致的，由共同上级公安机关指定有关公安机关立案侦查。

（六）在境外实施的电信网络诈骗等犯罪案件，可由公安部按照有利于查清犯罪事实、有利于诉讼的原则，指定有关公安机关立案侦查。

（七）公安机关立案、并案侦查，或因有争议，由共同上级公安机关指定立案侦查的案件，需要提请批准逮捕、移送审查起诉、提起公诉的，由该公安机关所在地的人民检察院、人民法院受理。

对重大疑难复杂案件和境外案件，公安机关应在指定立案侦查前，向同级人民检察院、人民法院通报。

（八）已确定管辖的电信网络诈骗共同犯罪案件，在逃的犯罪嫌疑人归案后，一般由原管辖的公安机关、人民检察院、人民法院管辖。

六、证据的收集和审查判断

（一）办理电信网络诈骗案件，确因被害人人数众多等客观条件的限制，无法逐一收集被害人陈述的，可以结合已收集的被害人陈述，以及经查证属实的银行账户交易记录、第三方支付结算账户交易记录、通话记录、电子数据等证据，综合认定被害人人数及诈骗资金数额等犯罪事实。

（二）公安机关采取技术侦查措施收集的案件证明材料，作为证据使用的，应当随案移送批准采取技术侦查措施的法律文书和所收集的证据材料，并对其来源等作出书面说明。

（三）依照国际条约、刑事司法协助、互助协议或平等互助原则，请求证据材料所在地司法机关收集，或通过国际警务合作机制、国际刑警组织启动合作取证程序收集的境外证据材料，经查证属实，可以作为定案的依据。公安机关应对其来源、提取人、提取时间或者提供人、提供时间以及保管移交的过程等作出说明。

对其他来自境外的证据材料，应当对其来源、提供人、提供时间以及提取人、提取时间进行审查。能够证明案件事实且符合刑事诉讼法规定的，可以作为证据使用。

七、涉案财物的处理

（一）公安机关侦办电信网络诈骗案件，应当随案移送涉案赃款赃物，并附清单。人民检察院提起公诉时，应一并移交受理案件的人民法院，同时就涉案赃款赃物的处理提出意见。

（二）涉案银行账户或者涉案第三方支付账户内的款项，对权属明确的被害人的合法财产，应当及时返还。确因客观原因无法查实全部被害人，但有证据证明该账户系用于电信网络诈骗犯罪，且被告人无法说明款项合法来源的，根据刑法第六十四条的规定，应认定为违法所得，予以追缴。

（三）被告人已将诈骗财物用于清偿债务或者转让给他人，具有下列情形之一的，应当依法追缴：

1．对方明知是诈骗财物而收取的；

2．对方无偿取得诈骗财物的；

3．对方以明显低于市场的价格取得诈骗财物的；

4．对方取得诈骗财物系源于非法债务或者违法犯罪活动的。

他人善意取得诈骗财物的，不予追缴。

最高人民法院 最高人民检察院　公安部

2016 年 12 月 19 日